彩图 6-1
正常叶（左）与
缺氮叶（中、右）的比较

彩图 6-2　缺磷叶片

彩图 6-3　缺钾

彩图 6-4
番茄缺锌（叶片变小）

（a）番茄缺钙（幼苗缺钙症状）

（b）番茄缺钙（生长点坏死，上部叶片黄化）

（c）番茄缺钙（叶缘出现枯死）

（d）番茄缺钙（引发的脐腐病）

彩图 6-5　番茄缺钙

彩图 6-6　番茄缺钙裂果

彩图 6-7　番茄缺硼（叶片初期症状）

彩图 6-8　番茄缺硼
（顶部新叶初期症状）

彩图 6-9　番茄缺硼
（果面出现木栓化褐斑，有龟裂）

彩图 6-10　脐腐病

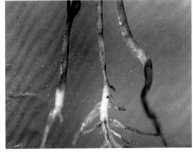

彩图 6-11　番茄立枯病

彩图 6-12　早疫病

彩图 6-13　番茄叶霉病

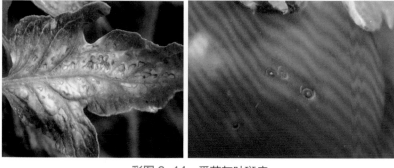

彩图 6-14　番茄灰叶斑病

彩图 6-15　斑枯病

彩图 6-16　番茄白粉病

彩图 6-17　番茄煤污病

彩图 6-18　青枯病

彩图 6-19　细菌性斑疹病

彩图 6-20　细菌性溃疡病

彩图 6-20　细菌性溃疡病

彩图 6-21　菌核病

彩图 6-22　枯萎病

彩图 6-23　番茄黄萎病

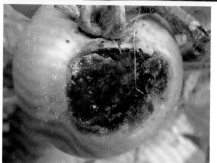

彩图 6-24　番茄黑斑病

彩图 6-25　番茄茎基腐病

彩图 6-26　番茄疫霉根腐病

彩图 6-27　黑点根腐病

彩图 6-28　褐色根腐病

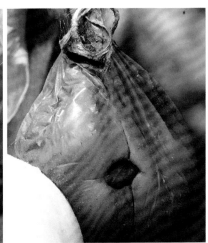

彩图 6-29　假单胞果腐病

彩图 6-30　番茄软腐病

彩图 6-31　绵腐病

彩图 6-32　番茄绵疫病

彩图 6-33　番茄茎枯病

彩图 6-34　番茄青霉果腐病

彩图 6-35　番茄根霉果腐病

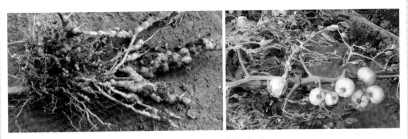

彩图 6-36　根结线虫病

彩图 6-37　番茄病毒病

彩图 6-38　白粉虱

彩图 6-39　斑潜蝇

彩图 6-40　番茄瘿螨

彩图 6-41　烟青虫

彩图 6-42　棉铃虫

彩图 6-43　斜纹夜蛾

海阳市农业技术推广中心 · 组织编写

番茄生产

化学工业出版社

· 北京 ·

图书在版编目（CIP）数据

番茄生产一读通/海阳市农业技术推广中心组织编
写. —北京：化学工业出版社，2021.1
ISBN 978-7-122-38064-7

Ⅰ.①番… Ⅱ.①海… Ⅲ.①番茄-蔬菜园艺 Ⅳ.
①S641.2

中国版本图书馆 CIP 数据核字（2020）第 244188 号

责任编辑：邵桂林 　　　　　　装帧设计：关　飞
责任校对：王佳伟

出版发行：化学工业出版社（北京市东城区青年湖南街 13 号
　　　　　邮政编码 100011）
印　　装：大厂聚鑫印刷有限责任公司
850mm×1168mm　1/32　印张 8¼　彩插 6　字数 156 千字
2021 年 3 月北京第 1 版第 1 次印刷

购书咨询：010-64518888　　　　售后服务：010-64518899
网　　址：http://www.cip.com.cn
凡购买本书，如有缺损质量问题，本社销售中心负责调换。

定　　价：39.80 元　　　　　　　　　　版权所有　违者必究

编写人员名单

主　编　于忠兴　　于琳琳　　郭晓青

副主编　李　勇　　王恒义　　纪风东　　姜兆伟
　　　　张洪利　　刘建国

参　编　张永忠　　闫振芹　　修尧尧　　王妮妮
　　　　刘蜻腾　　纪兆敏　　孙淑敏　　黄可东
　　　　姜林平　　项　晗　　李云朋

前言

番茄在发展高产优质高效农业中具有重要地位。番茄优质高产栽培技术，特别是设施栽培、特殊栽培新技术等又是发展番茄生产、提高农业经济效益的关键。

随着科学技术的不断发展，一些高新技术、优良新品种、科研新成果等应运而生。为了适应番茄生产、科研、教学和广大菜农对番茄生产新技术、新品种、新方法等最新成果的迫切需要，我们组织部分全国著名蔬菜专家，深入番茄栽培生产区进行实地考察，结合当前国内外有关番茄生产发展的部分信息，经系统整理，形成了今天与广大读者见面的这本书。

本书按照先基础、后操作、有理论、有实践的基本思路，依次将番茄产业的产前、产中、产后有关技术问题，分别进行介绍，注重实用。只要通读全书或所需部分，即使从未接触过番茄生产的人，也能照书"依样画葫芦"种好番茄。

由于编者水平所限，加之时间仓促，疏漏之处在所难免，恳请广大读者多多指正！

编者
2020 年 11 月

目录

第一章　番茄栽培基础知识　001

第一节　番茄栽培概况 …………………………………… 002

第二节　番茄的起源和分类 ……………………………… 004

第三节　番茄的生物学特性 ……………………………… 005

一、植物性特征 …………………………………………… 005

二、生长发育周期 ………………………………………… 008

第四节　番茄生长对环境条件的要求 …………………… 013

一、温度 …………………………………………………… 013

二、光照 …………………………………………………… 014

三、水分 …………………………………………………… 014

四、土壤及营养 …………………………………………… 015

第五节　番茄的类型和品种 ……………………………… 016

第六节　番茄种植前应考虑的因素 ……………………… 018

第二章　番茄露地栽培技术　021

第一节　露地春番茄栽培 ………………………………… 022

一、品种选择 ……………………………………………… 022

二、育苗 ……………………………………… 022

三、整地做畦、施基肥、覆地膜 …………… 028

四、定植 ……………………………………… 029

五、田间管理 ………………………………… 031

六、采收 ……………………………………… 036

第二节　露地越夏番茄栽培技术 …………… 037

一、品种选择 ………………………………… 037

二、育苗 ……………………………………… 037

三、定植 ……………………………………… 038

四、定植后管理 ……………………………… 039

五、结果期管理 ……………………………… 039

六、采收 ……………………………………… 040

第三节　露地秋番茄栽培技术 ……………… 041

第三章　番茄设施栽培技术　　042

第一节　大棚春茬番茄栽培技术 …………… 043

一、选择适宜品种 …………………………… 043

二、培育适龄壮苗 …………………………… 043

三、提早定植 ………………………………… 043

四、定植后的管理 …………………………… 044

第二节　大棚秋茬番茄栽培技术要点 ……… 046

一、品种选择 ………………………………… 046

二、育苗 ……………………………………… 047

三、定植后的管理 …………………………… 047

第三节　冬季日光温室番茄栽培技术 ……… 048

一、品种选择 ………………………………… 048

二、培育壮苗 ·· 048

三、适期定植 ·· 049

四、田间管理 ·· 050

五、适时采收 ·· 052

第四章　番茄特色高产优质栽培管理技术 —— 053

第一节　番茄"双根双蔓"整枝栽培方法 ·········· 054

一、育壮苗定植，确保主枝根深叶茂 ·········· 054

二、"双根双蔓"的管埋 ························ 054

第二节　保护地栽培番茄应如何进行配方施肥 ···· 055

一、巧施苗肥 ·· 055

二、重施基肥 ·· 056

三、勤施追肥 ·· 057

第三节　温室番茄叶面施肥注意事项 ·············· 058

一、要根据番茄的生长情况确定营养的种类 ···· 059

二、要根据天气情况确定营养的种类 ·········· 059

三、叶面及时喷施钙肥 ···························· 059

四、番茄叶面施肥的间隔时间要适宜 ·········· 059

五、番茄叶面施肥应注意与防病结合进行 ······ 060

六、叶面肥使用不当的处理 ······················ 060

第四节　沼肥促番茄丰产 ···························· 060

一、沼液浸种 ·· 060

二、用沼渣进行土壤改良 ························ 061

三、用沼液进行追肥防病 ························ 061

第五节　温室番茄多次坐果技术 ···················· 062

一、适期播种 ·· 062

二、培育壮苗 ……………………………………………… 063

三、合理密植 ……………………………………………… 064

四、定植后的管理 ………………………………………… 065

第六节 番茄延后一种多收栽培 …………………………… 067

一、更新换头 ……………………………………………… 067

二、埋茎再生 ……………………………………………… 068

三、分蘖移栽 ……………………………………………… 068

四、侧枝扦插 ……………………………………………… 069

第七节 大棚番茄扦插栽培技术 …………………………… 069

一、扦插育苗 ……………………………………………… 070

二、整地定植 ……………………………………………… 071

三、栽培管理 ……………………………………………… 071

四、病虫害防治 …………………………………………… 072

第八节 番茄无土平面栽培技术 …………………………… 073

一、准备工作 ……………………………………………… 073

二、育苗与定植 …………………………………………… 074

三、营养液与灌溉 ………………………………………… 074

四、植株调整与温湿度管理 ……………………………… 075

五、采收 …………………………………………………… 075

第九节 番茄有机生态型无土栽培技术 …………………… 075

一、栽培设施建设 ………………………………………… 077

二、栽培基质 ……………………………………………… 077

三、栽培技术 ……………………………………………… 078

第五章 樱桃番茄栽培技术 083

第一节 樱桃番茄的形态特征及栽培方式 ……………… 084

一、形态特征 ··· 084

二、栽培方式 ··· 084

第二节 樱桃番茄的育苗 ··· 086

一、春番茄育苗技术 ··· 086

二、秋番茄育苗技术 ··· 088

第三节 樱桃番茄栽培管理技术 ······························ 088

一、整地施基肥 ··· 088

二、定植 ·· 089

三、定植后管理 ··· 089

四、采收包装 ·· 092

五、注意事项 ·· 092

第四节 樱桃番茄巧落蔓 ··· 093

一、前期管理要点 ··· 093

二、落蔓后的管理 ··· 094

第六章 番茄的病虫害及防治措施 095

第一节 番茄常见生理性病害及防治 ·················· 096

一、营养不良（缺素症）的症状及防治措施 ·········· 096

二、温光等环境条件不适 ···························· 110

三、常见生理性病害症状及防治 ···················· 111

第二节 番茄的主要病虫害种类及防治原则 ············ 126

一、番茄主要病虫害 ································· 126

二、番茄病虫害的防治原则 ·························· 126

三、番茄病虫害综合防治措施 ························ 127

四、真菌性病害和细菌性病害之间的区别 ············ 135

五、在喷药时应注意的几个问题 ···················· 137

第三节　番茄主要病害症状及防治方法 ……………… 139

一、番茄猝倒病 …………………………………………… 139

二、番茄立枯病 …………………………………………… 141

三、番茄早疫病 …………………………………………… 143

四、番茄晚疫病 …………………………………………… 147

五、番茄灰霉病 …………………………………………… 149

六、番茄叶霉病 …………………………………………… 151

七、番茄灰叶斑病 ………………………………………… 154

八、番茄斑枯病 …………………………………………… 157

九、番茄白粉病 …………………………………………… 160

十、番茄煤污病 …………………………………………… 162

十一、番茄青枯病 ………………………………………… 163

十二、番茄细菌性斑疹病 ………………………………… 165

十三、番茄细菌性溃疡病 ………………………………… 168

十四、番茄菌核病 ………………………………………… 174

十五、番茄枯萎病 ………………………………………… 177

十六、番茄黄萎病 ………………………………………… 179

十七、番茄黑斑病 ………………………………………… 182

十八、番茄茎基腐病 ……………………………………… 183

十九、番茄疫霉根腐病 …………………………………… 187

二十、番茄黑点根腐病 …………………………………… 192

二十一、番茄褐色根腐病 ………………………………… 194

二十二、番茄假单胞果腐病 ……………………………… 195

二十三、番茄软腐病 ……………………………………… 197

二十四、番茄绵腐病 ……………………………………… 199

二十五、番茄绵疫病 ……………………………………… 200

二十六、番茄茎枯病 ……………………………………… 203

二十七、番茄青霉果腐病 ……………………… 204

二十八、番茄根霉果腐病 ……………………… 205

二十九、番茄根结线虫病 ……………………… 207

三十、番茄病毒病 ……………………………… 210

第四节　日光温室番茄病害发生新特点及无公害防病措施 … 215

一、日光温室番茄病害发生新特点 …………… 215

二、无公害防治措施 …………………………… 216

第五节　番茄虫害的发生与防治 ……………………… 219

一、蚜虫 ………………………………………… 219

二、白粉虱 ……………………………………… 222

三、斑潜蝇 ……………………………………… 224

四、番茄瘿螨 …………………………………… 227

五、茶黄螨 ……………………………………… 229

六、烟青虫 ……………………………………… 230

七、棉铃虫 ……………………………………… 232

八、斜纹夜蛾 …………………………………… 233

九、蝼蛄 ………………………………………… 235

十、蛴螬 ………………………………………… 235

十一、地老虎 …………………………………… 236

第六节　番茄常见特殊症状及防治 …………………… 236

一、番茄烂根病的原因与防治 ………………… 236

二、番茄卷叶的原因与防治 …………………… 238

三、番茄的落花落果及防治 …………………… 239

四、露地番茄要防烂果 ………………………… 243

五、番茄病毒病、茶黄螨为害及激素中毒的区分与防治 … 246

参考文献 　250

第一章

番茄栽培基础知识

第一节　番茄栽培概况

番茄，别名洋柿子，古名六月柿、喜报三元，是全世界栽培最广、消费量最大的蔬菜作物之一。美国、中欧、意大利和中国为其主要生产国家和地区。在欧美国家、中国和日本有大面积温室、塑料大棚及其他保护地设施栽培番茄。荷兰是番茄种植现代化程度最高的国家，其现代化智能温室栽培面积达 1 万多公顷，单位面积产量达 65 千克/平方米。我国番茄的生产历史虽短，但生产发展很快，生产面积已跃居世界前列。然而我国番茄的单位面积产量却较低，远远低于以色列、荷兰、美国、澳大利亚、日本、加拿大等国家，也低于世界番茄主要生产国家。2005 年世界番茄收获面积 4503.39 千公顷，平均每公顷产量 4256.78 千克。我国鲜食番茄栽培面积约 1100 万亩，在现有生产力水平条件下，番茄生产多为一年 2 茬，复种指数高达 70%，实际种植面积约为 700 万亩，亩产量应为 5000～6000 千克。2006 年我国番茄总面积 1253 万亩，总量已足够，不能再盲目发展，通过追求扩大种植面积来提高总产量，而要以品种遗传改良、栽培技术、植保和设施改善等综合水平的提高为重点。

中国是世界最大的番茄生产和消费国家之一，番茄生产是农民增收致富和出口创汇的重要途径。中国番茄从 20

世纪 60 年代开始规模化生产，随着蔬菜产业的发展、新品种的不断推出，番茄的栽种面积及产量也在大幅度提高，并形成了规模较大的种植区。栽培技术也在不断进步中，自 80 年代开始逐步出现了日光温室、塑料大棚、遮阳网等更为先进的栽培设施，实现了周年生产和季节性均衡供应，栽培技术的不断进步极大地促进了番茄产业化的进程。1990—2005 年是中国番茄种植面积快速增长期，2005 年番茄播种总面积超过 80 万公顷，较 1990 年增长 71.3%，番茄产量的提高是以增加播种面积实现的。2005年以来，中国番茄生产进入平稳增长期，保护地番茄生产发展较快，而露地播种面积大幅度减少，番茄播种面积在蔬菜播种面积份额中维持在 4.7%。番茄总产量的提高由原来的以播种面积的增加转到注重面积和单产的双向提高上来。

目前，我国番茄的生产现状有以下几个特征：

(1) 区域不断扩大　我国番茄栽培地域范围分布很不均匀，主要为地方区域性种植，种植区多集中在一些气候条件及自然环境适宜的区域。近年来，随着栽培技术的发展，在一定程度上促进了番茄产业的发展，番茄种植区域逐渐扩大，产业化生产越来越突出，优势产区逐渐形成，形成了面积较大的番茄种植区。

(2) 品种不断更新　在栽培品种方面，形成了鲜食番茄品种、加工番茄品种以及樱桃番茄等多个品种。其中，鲜食番茄品种有中杂 10 号、苏粉 8 号、金棚一号、东农 711、浙杂 205 等品种；加工番茄品种有立原 8 号、石番 15 号、新番 39 号、新番 41 号、红杂 35 等品种；樱桃番茄品种有美樱 2 号、哈串珠 203 号、金曼、碧娇等品种。

(3) 栽培技术不断发展 为了实现番茄的周年生产，一些新型的种植模式不断被研究出来。如春大棚种植、春露地育苗种植、春露地直播种植、夏露地种植、秋露地种植、秋大棚种植、秋延后温室种植、越冬日光温室种植、早春温室种植、冬露地种植以及间作套种栽培模式等。

(4) 不同地区栽培技术、播种时间及适宜品种各不相同。

番茄品种多、适应性强，既可露地栽培，又可保护地栽培，因地制宜的茬口、多种形式的栽培基本上可以做到周年供应，经济效益也十分可观。此外，建立加工用番茄的生产基地，为加工业提供充足的原料，不但能满足国内人们日益增长的需要，而且还可以出口创汇。综上所述，番茄在我国蔬菜商品生产中占有十分重要的地位。

第二节 番茄的起源和分类

番茄原产于南美洲，起源中心是南美洲的安第斯山地带。在秘鲁、厄瓜多尔、玻利维亚等地，至今仍有大面积野生种的分布。番茄属分为有色番茄亚种和绿色番茄亚种。前者果实成熟时有多种颜色，后者果实成熟时为绿色。番茄属由普通栽培种番茄及与普通栽培种番茄有密切关系的几个种组成，大体上又分为普通番茄和秘鲁番茄两个复合体种群。普通番茄群中包括普通番茄、细叶番茄、奇士曼尼番茄、小花番茄和奇美留斯凯番茄、多毛番茄；秘鲁番茄群中包括智利番茄和秘鲁番茄。

现在栽培的番茄的祖先是樱桃番茄。中国栽培的番茄由从欧洲或东南亚传入。清代汪灏在《广群芳谱》的果谱附录中有"番柿"："一名六月柿，茎似蒿，高四五尺，叶似艾，花似榴，一枝结五实或三四实……草本也，来自西番，故名。"由于番茄果实有特殊味道，当时仅作观赏栽培。到 20 世纪初，城市郊区始有栽培食用。中国栽培番茄是从 50 年代初迅速发展起来的，成为主要果蔬之一。

第三节　番茄的生物学特性

番茄，是茄科番茄属一年生或多年生草本植物，包括有限生长型、半有限生长型和无限生长型。体高 0.6～2 米，全体生黏质腺毛，有强烈气味。

一、植物性特征

1.根

番茄根系由主根和侧根构成，起固定植株和供给地上部水分及营养的作用。番茄根系发达，分布广而深，且再生能力强，具有半耐旱作物的特征。盛果期主根入土深达150厘米以上，展开幅度达250厘米左右。在育苗移栽时，主根被切断，易产生大量侧根，并横向发展，大部分根群分布在30~50厘米的土层中。这种特性决定了番茄生产适宜育苗移栽，苗期可进行1~2次的移苗，促使侧根大量发生，培育壮苗。根系这一特点也决定了番茄移栽或定植时容易缓苗，成活率高。番茄根系再生能力很强，不仅主根上易生侧根，在根颈或茎上，特别是茎节上也很容易发生不定根，且不定根伸展生长很快，在良好的环境条件下，生长4~5周可长达100厘米左右。因此，番茄徒长秧苗定植时可深栽、卧栽，对昂贵、珍稀、种子少的番茄品种，还可以利用侧枝打杈进行扩繁。

2. 茎

番茄茎为半直立或半蔓生，少数类型为直立型，茎基部木质化，易倒伏，分枝能力强。茎的分枝形式为合轴分枝，也叫假轴分枝，茎端形成花芽。根据番茄主茎叶片分化和花序分化的特点，可将番茄分为有限生长型、无限生长型两种类型。无限生长型的番茄在茎端分化第一个花穗后，其下的一个侧枝生长成强盛的侧枝，与主茎连续而成为合轴（假轴），第二穗及以后各穗下的一个侧芽也都如此，故假轴无限生长。有限生长型的番茄植株则在发生3~5个花穗后，花穗下的侧芽变成花芽，不再长成侧枝，故假轴不再生长。

番茄茎的丰产形态为节间较短、茎上下部粗度相似。

徒长株节间过长，往往从下至上逐渐变粗，而老化株则相反，节间过短，从下至上逐渐变细。

3. 叶

番茄的叶为单叶，羽状深裂或全裂，互生，叶长5～40厘米，每片叶有小裂片5～9对，小裂片的大小、形状、对数因叶的着生部位不同而有很大差别，第一二片叶小裂片小，数量也少，随着叶位上升裂片数增多。番茄叶片大小、形状、颜色因品种、环境而异，可作为鉴别品种特征、评价栽培措施的生态依据。如一般情况下，早熟品种叶片小，较稀疏，晚熟品种叶片大，浓密；露地栽培番茄叶色深、肥厚，保护地设施栽培番茄叶色浅、薄；肥力不足、水分过大时，叶色浅、小，肥力充足、水分适中时，叶色浓绿、大；低温时叶片发紫，高温时叶片向上内卷。番茄叶的丰产形态为：叶片似长手掌形，中肋及叶片较平，叶色绿，叶片较大，顶部叶正常展开。生长过旺的植株叶片呈长三角形，中肋突出，叶色浓绿，叶大。老化株叶小，暗绿或浓绿色，顶部叶小型化。

4. 花

番茄为完全花，总状花序或聚伞花序。花序着生叶腋，花黄色。每个花序上着生的花数品种间差异很大，一般5～10朵，少数类型（如樱桃番茄）可达30朵以上。有限生长型品种，一般主茎生长至六七片真叶时开始着生第一花序，以后每隔一两叶形成1个花序，通常主茎上发生2～4层花序后，花序下位的侧芽不再抽枝，而发育为1

个花序，使植株封顶。无限生长型品种在主茎生长至 8～10 片叶时，出现第一花序，以后每隔两三片叶着生一个花序，条件适宜的可不断着生花序开花结果。花序总梗长 2～5 厘米，常 3～9 朵花；花梗长 1～1.5 厘米；花萼辐状，5～7 裂，裂片披针形至线形，果时宿存；花冠辐状，黄色，5～7 裂，直径约 2 厘米。雄蕊 5～7 根，着生于筒部，花丝短，花药半聚合状，或呈一锥体绕于雌蕊；子房 2 室至多室，柱头头状。番茄的丰产形态为同一花序内开花整齐，花瓣黄色，花器及子房大小适中。徒长株花序内开花不整齐，往往花器及子房特大，花瓣深黄色。老化株开花延迟，花器小，花瓣淡黄色，子房小。

5. 果实及种子

番茄的果实为多汁浆果，扁球状或近球状，果肉由果皮（中果皮）及胎座组织构成，栽培品种一般为多心室。成熟果实的颜色有红、粉红、黄、橙黄、绿和白色，以红和粉红色居多。番茄种子扁平、小、肾形，灰黄色，表面有灰色茸毛，种子千粒重 2.7～3.3 克，寿命 3～4 年。

二、生长发育周期

番茄的生长发育可分为发芽期、幼苗期、开花坐果期和结果期四个时期。

1. 发芽期

从种子萌发到第一片真叶出现（破心、露心、吐心）为番茄的发芽期，一般需 7～9 天。发芽期能否顺利完成，主要取决于温度、湿度、通气状况及覆土厚度等。在适宜的温度条件下，种子吸水7～8小时即可接近饱和状态。种子的吸水过程可分为两个阶段，第一个阶段为急剧吸水阶段，半小时吸收种子干重50％的水，两小时可吸收种子干重60％～65％的水；第二个阶段为缓慢吸水阶段，需5～6小时，只能吸收种子干重25％左右的水分。种子经过这两个阶段的吸水后，其吸水量达到种子干重的90％左右；此时环境条件适宜即可正常发芽出苗。

番茄种子从发芽到子叶展开，属于异养生长过程，其生长所需的养分由种子本身来供应。种子发芽后，种子所含的营养物质很快被幼芽所消耗，并从异养转向自养（光合作用制造养分），此时提供充足的营养及环境条件，对培育壮苗具有重要作用。

子叶出土后经2～3天即可展开并变绿，幼苗从此由异养转向自养。再经过2～3天，幼苗的第一片真叶开始破心，此时真叶已分化到3～4片，番茄生长发育即由发芽期进入幼苗期。

2. 幼苗期

番茄从第一片真叶出现至第一花序开始现大蕾为幼苗期。幼苗期经历两个阶段：从破心至两三片真叶展开（花芽分化前）为基本营养生长阶段，这阶段主要为花芽分化及进一步营养生长打下基础。同时子叶和真叶能产生成花激素，对花芽分化有促进作用。子叶大小影响第一花序的早晚，真叶大小影响花芽分化数目及花芽质量，所以幼苗期创造适宜的条件，使子叶和真叶健壮肥大非常重要。两三片真叶展开后，花芽开始分化，进入第二阶段，即花芽分化及发育阶段，从这时开始，营养生长与花芽发育同时进行。一般播种 25～30 天后分化第一花序，中晚熟品种8～9 片叶出现花序，育苗条件差则花序节位升高。花芽开始分化后 2～3 天分化一个叶片，与此同时花芽相邻上位侧芽开始分化生长，继续分化叶片。第一花序现大蕾时，第三花序已完全分化。花芽分化快慢、素质好坏，受环境条件的影响，特别是温光条件的影响。此期适宜昼温为 25～28℃，夜温为 13～17℃。从根的形态来看，种子发芽后主根垂直向地下伸长。随着主根的不断伸长，逐渐分化出二级侧根、三级侧根、四级侧根……，除此之外，胚轴基部还发生不定根，这样就构成了以主根为中心的根系。幼苗根系发育一般初期以垂直伸长为主，后期以水平伸长为主。此期地温对幼苗生育有较大的影响，适宜的地温应保持在 22～23℃。创造良好条件，防止幼苗徒长或老化，保证幼苗健壮生长及花芽的正常分化及发育，是此阶段栽培管理的主要任务。

3. 开花坐果期

从第一花序出现大蕾至坐果为开花坐果期。番茄定植以后，从花蕾到开花需 15～30 天。早熟品种或在高温期栽培时，时间较短，而中熟品种或在低温弱光条件下栽培则时间较长。在适宜的温度条件下，开花 1 天后，萼片、花瓣就完全展开，花冠的颜色变为深黄色，此时花药开始裂开。在花药开裂的同时，被花药所包围的花柱不断伸长，在花柱伸长的过程中，柱头不断接触已裂开的花药筒，使大量花粉落到柱头上，从而完成授粉过程。从授粉到受精需要24～50小时。受精后，在正常条件下，开始坐果。此期是以营养生长为主过渡到生殖生长与营养生长同时进行的转折期，直接关系到产品器官的形成和产量。此期管理的关键是协调营养生长与生殖生长的矛盾。既要促进营养生长，使植株色泽浓绿，茎秆粗壮，根深叶茂，为以后开花结果打好基础，又要防止植株徒长而引起落花落果或推迟开花结果。无限生长型的中、晚熟品种容易营养生长过旺，甚至徒长，引起开花结果的延迟或落花落果；反之有限生长型的早熟品种，在开花坐果后容易出现果实坠秧现象，植株营养体小，果实发育缓慢，产量不高。促进早发根，协调好茎叶生长，注意保花、保果是这阶段栽培管理的主要任务。

4. 结果期

从第一花序坐果到拉秧为结果期。番茄是陆续开花、连续结果的作物。第一花序果实膨大生长时，第二花序、第三花序、第四花序……都在不同程度地发育，同时茎叶生长也在不断地进行。这一时期各层花序及同一花序不同花（果）之间、营养生长与生殖生长之间存在着激烈养分竞争。一般来说，下部叶片制造的养分，除供应给根系等营养器官外，主要供给第一花序的果实；中部的养分主要输送到中部果实；而上部叶片的养分除供给上部果实外，还大量地供给顶端（生长点）。从开花到果实成熟一般需要 50～60 天。夏季高温季节需 40～50 天。冬季低温弱光季节需 75～100 天或更长。

在果实发育的整个过程中，从开花到开花后 4～5 天，果实膨大速度很慢，用肉眼几乎看不出果实增大，这一时期果实增大主要靠细胞数的增多，而细胞本身膨大很小。如用坐果激素处理，可缩短或者取消这一时期，使果实发育迅速进入膨大期。番茄从开花后 4～5 天到 30 天，果实膨大非常迅速，为果实膨大盛期。这一时期果实膨大主要靠细胞的膨大，细胞数目已不再增多。番茄开花大约 30 天以后，果实膨大速度减慢，需 40～50 天，果实开始着色成熟。这一时期，果实几乎不再膨大，产量基本形成，主要是果实进行内部组织成分的化学变化。果实成熟过程，从外部形态来看大约可分为以下 5 个时期，生产上要根据需要适时采收。

（1）绿熟期（白熟期） 果实不再增大，果皮有光泽，果色由绿变白。绿熟期的果实可以进行人工催熟或采收贮藏。

（2）催色期（变色期） 果实大部分为白绿色，但果顶变红。催色期的果实比较坚硬，适于长途运输，品质也好。这一时期种子基本成熟。

（3）成熟期 果实除果肩外，由少部分变红到全部变红。成熟期果实已呈现品种固有色泽，果实尚未软化，营养价值较高，生食最佳，因此要及时采收。此时果实内种子已完全成熟。

（4）完熟期　果实全部变成红色，果肉开始软化，含糖量增高，甜度增大，种子成熟饱满。

（5）过熟期　果实严重软化，果肉呈水浸状，已不适于作为鲜食商品出售。

番茄结果期的特点是秧、果同步生长，营养生长与生殖生长高峰相继地周期性出现，这种结果峰相的突出或缓和与栽培管理技术关系很大。如果在开花坐果期管理技术得当，调节好秧果关系，不至于出现果实坠秧的现象；相反，整枝、打杈及肥水管理不当，还可能出现徒长疯秧的危险，必须注意控制。在结果期中，应该创造良好的条件促进秧、果并旺，周期变化缓和，连续结果，保证早熟丰产。

第四节　番茄生长对环境条件的要求

一、温度

番茄是喜温性蔬菜，一般 $15\sim35℃$ 的温度范围均可适应番茄生长。种子发芽的最低温度为 $12℃$，发芽适温为 $28\sim30℃$。生长发育最适宜的温度为 $20\sim25℃$，低于 $15℃$，开花和授粉、受精不良，降至 $10℃$ 时植株停止生长，$5℃$ 以下可引起低温危害，致死温度为 $-2\sim-1℃$。温度上升至 $30℃$ 时，同化作用显著降低，升高至 $35℃$ 以上时，会出现生理障碍，导致落花落果或果实不发育。26～28℃及以上的高温能抑制番茄红素及其他色素的形成，影响果实正常着色。番茄根系生长最适地温为20～22℃。地温降至9～10℃时根毛停止生长，降至5℃时根系吸收水分和养分的能力受阻。

二、光照

番茄是喜光作物，在一定范围内，光照越强，光合作用越旺盛，其光饱和点为70000勒克斯，在栽培中一般保持30000～50000勒克斯的光照强度，才能维持其正常的生长发育。番茄对光周期的要求并不严格，有些品种在短日照下可提前现蕾开花，多数品种属中日性植物，在11～13小时的日照下开花较早，植株生长健壮。

三、水分

番茄因根系发达，吸水力强，属于半耐旱蔬菜，既需要较多的水分，但又不必经常大量地灌溉，特别是幼苗期和开花前期，水分过足则幼苗徒长，会影响结果。结果期浇水量宜足，认维持土壤含水量60%～80%为宜。如土壤湿度过大，排水不良，会影响根系正常呼吸，严重时会烂根死秧。另外，结果期土壤忽干忽湿，特别是干旱后浇大水易发生大量裂果和诱发脐腐病。番茄对空气湿度一般要求相对湿度45%～50%为宜，空气湿度过大，不仅阻碍正常授粉，而且在高温高湿条件下病害严重。

四、土壤及营养

番茄对土壤条件要求不太严格，但以土层深厚、排水良好、富含有机质的肥沃壤土为宜。番茄对土壤通气性要求较高，土壤中含氧量降至 2% 时，植株枯死，所以低洼易涝、结构不良的土壤不宜栽培。土壤酸碱度以 pH6～7 为宜，过酸或过碱的土壤应进行改良。

番茄生长期长，而且有边采收边结果的特点，在生育过程中，需从土壤中吸收大量的营养物质。据测定，每生产 1000 千克番茄，需吸收氮 2.2～3.5 千克、磷 0.5～0.9 千克、钾 4.2～4.8 千克、钙 1.6～2.1 千克、镁 0.3～0.6 千克。氮肥对番茄茎叶的生长和果实的发育有重要作用，磷对番茄根系和果实的发育作用显著，吸收的磷素绝大多数存在于果实及种子中，幼苗期增施磷肥对花芽分化和生长发育都有良好的效果。钾的吸收量最大，尤其是在果实迅速膨大期，对糖的合成、运转及提高细胞液浓度，加大细胞的吸水量都有重要作用，一旦钾素供应不足，不但引起叶片变黄，还会形成大量的筋腐果。番茄对钙的需求也很高，缺钙时番茄的叶尖和叶缘萎蔫，生长点坏死，果实发生脐腐病。

在不同的生育期，番茄对养分的需求也不同。从定植至采收末期，氮吸收大体呈直线上升趋势，但吸收增加最快的是从第一果实膨大期开始，此期后吸收速率增大，吸氮量也急剧增加，常容易造成缺氮，影响果实膨大。磷和镁随果实膨大而吸收增多。钾的吸收，自第一果实膨大开始迅速增加，至果实膨大盛期，其含量约为氮的1倍。钙的吸收与氮相似，果实膨大期缺钙，容易使果实发生脐腐病。根据番茄的需肥特点，番茄施肥在培育壮苗的前提下，以基肥为主，结合整地每亩施优质有机肥5～7吨，并配磷肥6～8千克、钾肥7～10千克。定植后5～6天追一次"催苗肥"，每亩施氮肥2～3千克。在番茄第一穗果开始膨大时，追施"催果肥"，每亩施氮（尿素）3～4千克。在番茄进入盛果期，当第一穗果发白，第二、三穗果迅速膨大时，应追肥2～3次，每次每亩施氮（尿素）3～4千克，前一次可分别配以1.5～2千克磷和钾，以利于提高果实品质。在番茄进入盛果以后，根系吸肥能力下降，可进行叶面喷施，如0.3%～0.5%尿素、0.5%磷酸二氢钾、0.1%硼砂等，以利于延缓衰老，增加采收期。对于保护地栽培下的番茄施肥，要防止施肥过多引起的盐分障碍。施肥时应增加有机肥投入，化肥用量比露地可减少20%～30%，而且宜少量多次施用，并注意要及时灌水压盐，以促进番茄的生长发育。

第五节　番茄的类型和品种

目前，关于番茄的分类尚未完全统一，多将番茄属分为普通番茄、多毛番茄、秘鲁番茄、奇士曼尼番茄和细叶番茄等几个复合体种群，每个复合体种群又可分为不少变种。目前栽培的番茄都属于普通番茄，包括 5 个变种：①栽培番茄，植株茎茁壮，分枝多，匍匐性，果大，叶多，果形扁圆，果色可分红、粉红、橙、黄等，多数栽培品种均属此变种；②樱桃番茄，果实小，圆球形，果径约 2 厘米，果色红、橙或黄色，形如樱桃，两心室，植株强壮，茎细长，叶小色淡绿；③大叶番茄，叶大，叶缘有浅裂或无缺刻，形似马铃薯叶，故又称薯叶番茄，茎半蔓生，中等匍匐，果实与普通番茄相同；④梨形番茄，果小，如洋梨形，2 室，红色或橙黄色，生长健壮，叶较小，色浓绿；⑤直立番茄，茎短而粗壮，分枝节短，植株直立，叶小色浓，叶面多皱褶，果柄短，果实扁圆球形，产量低，生产栽培很少。但因直立生长，栽培时无需立支架，便于田间机械化操作是其突出特点。

栽培番茄的品种有三大系统。①意大利系统：果实卵形或椭圆形。适于干燥地区作无支架栽培和加工用。②英国系统：果型小，深红色，低温短日照条件下结实性强。③美国系统：果实中型至大型，适应性强。中国栽培的番茄品种来自北美或欧洲，经过多年的栽培和选育，已有一批适于中国气候和栽培要求的品种。

番茄品种繁多，主要栽培品种包括有限生长型和无限生长型两类。

(1) 有限生长型番茄 又称"自封顶"番茄，这类品种植株较矮，结果比较集中，具有较强的结实力及速熟性，生殖器官发育较快，叶片光合强度较高，生长期较短，适于早熟栽培。

① 红果品种：早魁、北京早红、青岛早红、鲁番一号等。

② 粉红品种：北京早粉、早粉 2 号、津粉 65、西粉二号、西粉三号等。

（2）无限生长型番茄 生长期较长，植株高大，果形也较大，多为中、晚熟品种，产量较高，品质较好。

① 红果品种：倍盈、天津大红、大红袍、台湾大红、红辉等。

② 粉果品种：毛粉 802、佳粉 10 号、青农 866、普罗旺斯、金棚一号、强丰、中蔬 4 号等。

樱桃番茄近几年栽培较多，常用品种有圣女、金珠、樱桃红、东方红莺等。

在品种选择上应注意，作春提早或秋延晚栽培时，应选择早熟品种，正季栽培选择中晚熟品种。

第六节　番茄种植前应考虑的因素

番茄生产最近几年发展较快，其品种、栽培技术不断更新。如果在某个地区想要发展番茄生产，首先要考虑好以下几个方面：

第一，当地的消费习惯。我国地域广阔，人们对番茄的消费需求多样，但总体来说，北方以口感沙绵、颜色粉靓的粉果为主，而南方以质感坚硬、颜色鲜红的红果为主。番茄品种呈现"北粉南红"的特点。

第二，销路。在开展番茄生产之前，首先要对当地的番茄市场有个总体的把握，供需情况如何，产品质量好坏，能否满足不同层次消费者的需要，最终生产出来的番茄是销往农贸市场、大型超市，还是进入加工企业，或者是否有客商收购。因此，制定种植规划之前，最好能将销售渠道提前确定好，可以与客商、大型超市、企业等建立供销协议，以保证生产出来的产品能够卖出去，而产生效益。

第三，生产气候条件。我国的番茄主产区有山东、新疆、内蒙古、河北、河南、云南、广西、宁夏等地，种植的区域广泛，栽培气候各异，各地区要结合当地气候特征选择栽培方式和品种。北方因冬季气候寒冷，番茄种植多以保护地为主，而南方则以露地生产为主。但随着对商品性重视程度的不断提高，南方番茄的保护地种植也呈增长趋势。在种植番茄之前，对当地的气候条件也要心中有数，根据番茄不同生长期对温度、光照、水分等因素的要求，来确定能否种植番茄，以及选择种植茬口、设施条件等。

第四，茬口。根据市场需求、气候条件、生产设施、技术水平等，合理选择种植茬口和品种，达到优质高效的目的。番茄种植的茬口有日光温室早春茬、大拱棚越夏茬、露地夏秋茬、日光温室秋冬茬、日光温室越冬茬等。

第五，劳动力水平。番茄生产，特别是设施内番茄生产，需要的人工和劳动力很多，平均一个1亩地的大棚，需要2个壮年劳动力全天候进行管理，才能达到较高质量的生产水平。因为番茄生产需要比较精细化的管理，整枝、打杈、点花、采摘等环节劳动强度很大，因此，各地也要根据当地农业生产劳动力的水平，合理制定番茄生产计划。

第二章

番茄露地栽培技术

第一节　露地春番茄栽培

一、品种选择

露地春番茄栽培一般选用中晚熟品种。培育适龄壮苗是春番茄早熟丰产的重要基础。

二、育苗

1. 育苗期的确定

育苗期的长短首先取决于育苗期间的温度。在正常的育苗条件下，番茄从出苗到第一花序开始分化约需 600℃ 的活动积温，花芽发育整个过程又需 600℃ 的活动积温。因此，欲培育出即将开花的大苗，应保证有 1000～1200℃ 的活动积温。育苗期间一般以维持日平均气温 20℃ 左右为宜，需 50～60 天。再考虑到 1 次分苗的缓苗时间及定植前的锻炼，以 60～70 天的日历苗龄为宜。当定植期确定后，提前 60～70 天播种育苗即可。

2. 种子处理

(1) 浸种

① 温汤浸种。先用清水浸泡番茄种子 1～2 小时，然后捞出把种子放入 55℃ 热水中，维持水温均匀浸泡 15 分

钟，之后再继续浸种 3～4 小时。温汤浸种时，一般是一份种子两份水；要迅速、不断地搅拌，使种子均匀受热，以防烫伤种子；要不断加热水，保持 55℃ 水温。可以预防叶霉病、溃疡病、早疫病等病害发生。

②药液浸种。应有针对性地为预防某种病害而选取相应的药剂。如防治番茄早疫病，先用温清水浸种 3～4 小时，再浸入 40% 福尔马林 100 倍液中，20 分钟后捞出并密闭 2～3 小时，最后用清水冲洗干净。防治番茄病毒病，用清水浸 3～4 小时后，转入 10% 磷酸三钠或 2% 氢氧化钠水溶液，经 20 分钟取出，用清水冲洗数遍，至 pH 试纸检验为中性时即可。

（2）催芽 番茄种子经过浸种处理后可以直接播种，但最好还是要进行催芽播种。进行催芽时，通常未经药剂处理的种子，需先用温水浸泡 6～8 小时，使种子充分膨胀，然后放置在 25～28℃ 温度条件下催芽 2～3 天。而用药剂浸种的种子，只需用清水将种子冲洗干净后即可直接催芽。催芽过程中，关键是控制温度，其次是调节湿度和进行换气。为保证氧气和适宜的水分，应每隔 6 小时左右翻动 1 次，并根据干湿程度补充一些水分，必要时每天用清水淘洗 1～2 次，以清除种子表面的黏质，并更新空气和保持湿度。催芽最好采用恒温箱。经过催芽的种子，播种后出苗快而整齐，有利于培育健壮的幼苗。

3. 苗床地的选择

培育番茄苗要选择排水良好、土层较厚、土质肥沃、有机质含量较高、pH中性左右、近2年未种过茄果类的地块来进行育苗。

地貌条件应根据不同季节区别对待。晚秋培育反季节栽培的苗，应选择四周有挡风物的高地或坐北朝南、有一定坡度的台阶地。而在冬季育苗，因正是干旱少雨季节，可选择地势平坦的地，尤以水稻地为佳。春季育苗应选择四周空旷的地块，以加强光照，夏季最好选择山地育苗。

番茄苗床地要尽可能早翻土，并撒石灰调节酸碱度。番茄苗床的规格，一般长10米、宽1.5米。

4. 培养土的配制

(1) 优质培养土应具备的条件　培育番茄苗的优质培养土必须有良好的物理结构，富含足够的营养成分，且要求化学性质（主要指土壤酸碱度）相对稳定。试验测定表明：培养土的容重应在0.5～0.7克/立方厘米之间，总孔隙度为70%～80%，pH值以中性略偏碱为宜。

(2) 培养土的组成及配比　根据以上要求，生产上常用的育苗基质有肥沃园土、堆厩肥、栏粪、猪牛粪渣、炭化谷壳、草炭等。

园土是培养土的主要成分，应占到30%～50%；为防止土壤传染病害，不要选择近两年种过茄科蔬菜的园土，最好选择生姜、豆类或葱蒜土以及肥沃的稻田土；园土掘取后要充分烤晒、打碎、过筛，并保持干燥状态备用。有机肥料如猪牛粪、堆厩肥等，是主要的营养源，应占培养土的20%～30%。这些有机肥一定要提前收集，并进行避雨堆沤，使之充分腐烂发酵。炭化谷壳或草木灰能增加培养土的钾含量，使其疏松透气，并提高 pH 值，其含量也可占培养土的20%～30%。

根据笔者的试验研究：培育番茄苗的培养土可采用2/4园土、1/4 猪粪渣和 1/4 炭化谷壳（体积比）配制而成。此外，还可加少量过磷酸钙；必要时加适量石灰调节酸碱度。

（3）培养土的消毒　常用的方法有福尔马林（40%甲醛）消毒。一般1000千克培养土，用福尔马林药液200～300毫升（即 0.2～0.3千克）。加水25～30千克，喷洒后充分拌匀堆置，并覆上一层塑料薄膜闷闭2～3天。揭膜6～7天待药气散尽即可使用。

（4）培养土的使用　作苗床后，在播种前一个星期即可铺设培养土，厚度为6～8厘米。要求厚度均匀一致，床面平整，播种后的盖籽土也要求用这种培养土。

5. 播种

（1）播种量　一般番茄种子每克有300粒左右，根据定植密度，一般每亩大田用种量20～30克。每平方米播种床可以播种10～15克。如果种子发芽率低于85%，播种量还应该适当增加些。

（2）播种方法　通常有撒播、条播和点播。播种前半天或1天要将苗床浇透，使水分下渗10厘米左右。即除渗透培养土外，苗床本土还要下渗2～4厘米。播种时应将湿润种子拌些干细土，并采取来回撒播方式，即可播得均匀。播种量以干种子计算，每 10 平方米苗床播 50～75 克，可满足 2～3 亩大田之用。播种后应立即覆土，覆土要用过筛的细土。覆土厚度 0.8～1.0 厘米，薄厚要一致。播种后每平方米苗床再用 8 克 50％多菌灵可湿性粉剂拌上细土均匀薄撒于床面，可以防止幼苗猝倒病发生。最后在育苗床面上覆盖一层地膜，待有 70％幼苗顶土时撤除覆盖物。

6. 苗床管理

番茄如果采取一次成苗，苗床生长期间也可划分为四个时间，即出苗期、破心期、旺盛生长期和炼苗期。

(1) 出苗期的管理　从播种到子叶微展即为出苗期，约需 3 天，主要是为了促进出苗快而整齐，必须维持较高的湿度和控制较高的温度。温度控制以 22～24℃为宜，白天可升至 25～26℃，夜间可降至 20℃左右。为保持土壤湿润，在床温不过高的情况下，一般不宜揭除覆盖物。

(2) 破心期的管理　从子叶微展到第一片真叶展出即为破心期，约 4 天。为了在一定时期不形成高脚苗并促进先长根，主要采取控的措施。首先在确保秧苗不受冻的情况下，尽可能多见阳光。其次是适当降低温度，白天控制在 16～18℃，夜间 12～14℃。其三是控制浇水，降低床土温度。此外，遇秧苗拥挤时应及时间苗。

(3) 旺盛生长期　幼苗破心后生长加快，即进入旺盛生长期。为了使营养生长与生殖生长协调进行，应采取促控结合的管理措施。主要是提供适宜的温度、较强的光照、充足的水分和养分。

① 控制昼/夜气温为 20～24℃/14～15℃；昼/夜地温为 16～18℃/12～14℃。

② 在保证以上温度的前提下，一般不需覆盖，以利于通风见光。

③ 保证水分和养分供应，一般在正常的晴朗天气，应每隔一天喷水一次，以维持床土湿润；即使在低温阴雨天气，也应每隔 2～3 天喷水一次，以维持床土呈半干半湿状态。在床土缺肥的情况下，可结合浇水喷 2～3 次营养液，营养液应注意氮、磷、钾三要素的配合，三者的总浓度不要超过 0.2％。这里介绍一个营养液配方供参考应用，即尿素 50 克、硫酸钾 80 克、磷酸二氢钾 50 克，加水 100 千克，溶液浓度为 0.18％。还可以采用氮、磷、钾专用复合肥配制。

④ 遇秧苗徒长时，可喷施 50 毫克/千克多效唑或采取松土断根等措施。

（4）炼苗期的管理　定植前 3～4 天即可进行炼苗。主要是采取控的措施，包括控湿降温、揭除覆盖物等。必要时可使床土露白或有意松土断根。

7. 壮苗标准

番茄壮苗是指在生产中能够获得早熟、高产、优质，并对不良环境具有较强适应性的番茄幼苗。一般来说，番茄在冬季和早春育苗的壮苗标准为：日历苗龄 70～80 天，苗高 20～25 厘米，茎粗 0.5 厘米以上，且上下尖削度小，节间短，节间长度基本相等；具有子叶和 8～9 片真叶，叶片肥厚，叶色浓绿，第 1 花序花蕾肥壮饱满；根系发达，侧根数量多，呈白色；全株不带病原菌和虫害。因此，壮苗耐旱、耐轻霜，定植后缓苗快、开花早、结果多。

壮苗是番茄丰产的基础，在育苗过程中应做好栽培管理工作，努力达到秧苗整齐健壮的目的，同时防止徒长苗和老化苗的出现。徒长苗表现为茎细长、柔弱、节间长、叶色淡、叶肉薄；花数少，且花蕾小，根系不发达；定植后缓苗慢，发棵晚，容易发病受冻。而老化苗则植株矮小，茎细而硬，节间短，叶片小而厚，无光泽；根系老化，颜色发暗；定植后节间不能正常伸长，生长缓慢，开花结果晚，后期容易早衰。

三、整地做畦、施基肥、覆地膜

栽培番茄选择土层深厚、土质肥沃、通气良好、排水方便、保水能力强、pH 值中性或微酸性的砂质壤土或黏质壤土较好。为减少土壤传染病害和线虫为害，番茄不宜连作，最好选用符合以上要求的水稻土或近 2 年未种过茄果类的土壤。

准备种番茄的地，在前茬收获后如有一段空闲时间，应尽早深翻土壤 26～30 厘米，以后还要适时深翻一次。到定植前 7～10 天，可开始整地做畦。番茄多采用一畦双行种植，畦宽一般是 1.6 米（包沟），要求上实下虚呈龟背形。整地做畦的同时要结合施入基肥。施用方法采取铺施与穴施相结合。因为番茄是一种需肥量较大的蔬菜，且各种养分之间要合理配比。据研究测定，番茄整个植株内氮、磷、钾的成分比例为 $N：P_2O_5：K_2O＝2.5：1：5$，而植株 N 和 K_2O 的吸收率为 $40\%\sim50\%$；对 P_2O_5 的吸收率约为 20%；据此换算，施肥对三要素的配合比例应为 $1：1：2$。故施肥种类不能单一，否则将影响果实产量与质量。根据笔者多年的试验实践证明：栽培番茄可选择腐熟有机堆肥、饼肥、过磷酸钙及含磷较高的复合肥作基肥；每亩施用量分别为 $2000\sim3000$ 千克、80 千克、30 千克和 40 千克。其中，饼肥与 $50\%\sim60\%$ 的有机堆肥于最后一次整地前撒入土中，余下的有机肥和过磷酸钙及复合肥充分混合后施入定植穴中。这样，既保证了前期生长对养分的需要，又能有效防止后期的早衰。

覆盖地膜。番茄进行地膜覆盖栽培，能有效地提高地温、保持湿度、控制杂草，因此能显著地促进生长和提高早期产量。覆盖地膜前，要将土面整碎整平，并对施肥后的定植点作好标记。覆膜要在晴朗无风的天气进行，力求紧贴土面，四周用土封严。

四、定植

1. 定植时期

春番茄露地定植时期，应根据当地气候条件而定，一般应在晚霜过后，日平均气温达 15℃以上，地温稳定在

10℃以上时定植。番茄苗的定植期取决于秧苗的大小，即生理苗龄。一般而言，番茄的优质、丰产栽培，以定植中龄苗为宜。其标准是：苗高 23 厘米左右，6～7 片叶，初显花蕾。

2. 定植密度

春番茄的栽植密度取决于品种、整枝方式、生长期长短等多方面因素。早熟品种密植栽培的适宜果穗密度为每平方米 20～25 穗，中晚熟品种栽培的适宜果穗密度为每平方米 25～30 穗，根据这个标准即可推算出栽植的行株距。如早熟品种单干整枝留 3 穗果摘心，栽植密度应为每平方米七八株，行株距为 50 厘米×（25～28）厘米；如中晚熟番茄单干整枝，每株留 5 穗果，密度应为每平方米五六株，行株距为（55～60）厘米×（33～36）厘米。在一定范围内适当增加栽植密度具有一定的增产效果，但在增大密度的同时，应注意改善群体结构，改善通风透光条件。行距和株距对产量的影响以行距影响较大，宽行密植、大垄双行、隔畦间作等都是比较科学的密植措施。

3. 定植方法

定植应选在晴天进行。为方便管理，秧苗应分级分区定植。定植前半天应对秧苗浇一次水，以便多带土并少伤根，定植的深度以平子叶处为宜，定植过深则影响缓苗。如果是定植地膜土，破孔要尽可能小，定植后要用土将定植孔封严呈馒头形。压根水要在定植的当天浇完，否则将影响成活率。

五、田间管理

1. 中耕、浇水和追肥

（1）中耕 番茄定植后应及时中耕，早中耕、深中耕有利于地温的升高，促进迅速发根与缓苗生长。中耕应连续进行三四次，中耕深度要一次比一次浅。垄作或行距大的畦作可适当培土，促进茎基部发生不定根，扩大根群。

（2）浇水 番茄有一定的耐旱能力，但要获得高产，必须重视水分的供给与调节。定植后5～7天可浇一次缓苗水，然后中耕保墒，控制浇水，适当蹲苗。中、晚熟品种开花结果较晚，营养生长较旺，在结果前应控制水分，一般须待第一果穗最大果实直径长到3厘米时结束蹲苗。有限生长型的早熟品种开花结果较早，营养生长较弱，如蹲苗过度会影响早熟和丰产，因此蹲苗时间应适当缩短。一些生长势较弱的早熟品种也可以不经过蹲苗期，直接进入正常的肥水管理。蹲苗结束后，应结合追肥浇催秧、催果水，加快秧、果生长。番茄的需水量到结果盛期达到高峰，这期间每4～6天要灌水1次，使整个结果期保持土壤水分比较均匀的湿润程度，防止忽干忽湿，减少裂果及顶腐病的发生。番茄对土壤通气条件要求比较严格，雨后应及时排水，防止烂根。

（3）追肥 番茄需肥量较大，除重施基肥外，还应根据需要追施速效性肥料。第一果穗果实开始膨大时，结合浇水要追施1次催秧、催果肥，每亩可施尿素15～20千克、过磷酸钙 20~25 千克或磷酸二氢铵 20~30 千克，缺钾时可施硫酸钾 10 千克。也可用 1000 千克腐熟人粪尿和 100 千克草木灰代替化肥施用。以后在第二穗果和第三穗果开始迅速膨大时各追肥 1 次。除土壤追肥外，可在结果盛期辅之以根外追肥，用 0.2%~0.5% 的磷酸二氢钾，或 0.2%~0.3% 的尿素，或 2% 的过磷酸钙水溶液，喷施叶面，或喷多元复合肥。还可用 50~100 微升/升硼酸或硫酸锌等溶液根外喷施。注意，追施钙肥可有效防止脐腐病的发生。

另外，追施氮肥时要注意，氮肥要深施在土壤 12 厘米以下，距离根 10 厘米左右，另外应待土壤较干时追施，然后浇透水，这样氮肥在深耕层中可缓慢水解释放铵离子供番茄吸收。

2. 植株调整

番茄具有茎叶繁茂、分枝力强、生长发育快、易落花落果等特点。番茄植株调整的目的是调整植株营养生长和生殖生长的平衡，适当整枝和摘除多余的侧枝，加强通风透光，防止植株徒长，减少养分的损耗，以集中更多的光合产物供果实生长，从而增加单果重量和提高单位面积产量。植株调整的措施包括搭架、绑蔓、整枝、打杈、摘心、保花保果、疏花疏果等。

(1) 搭架、绑蔓 番茄除少数直立性品种外，均需搭架栽培，因植株匍匐地面，不但浪费生产空间，还容易感染病害，果品质量差。搭架后，叶面受光好，同化作用强，制造养分多，花芽发育好，番茄产量高、品质好。因此，当植株长到约 30 厘米高时，应及时搭架，并将主茎绑缚在支架上。支架用的材料可就地取材。支架的形式主要有 4 种，即单杆架、人字架、四角架和篱型架。插架一般在第 2 次中耕后进行，随着植株的生长将茎逐渐绑在支架上。绑蔓时，注意不要碰伤茎叶和花果，将果穗绑在支架内侧，避免损伤果实和发生日灼病。一般是每 1 果穗绑 1 道，绑在果穗的上部叶片之间。

（2）整枝　番茄的整枝方式有多种，各有特点。露地栽培常用的整枝方式有单干整枝、改良单干整枝、一干半整枝和双干整枝。

① 单干整枝：只留主枝，把所有的侧枝陆续全部摘除。用这种方式整枝使单株结果数减少，但果型增大，而且早熟性好，前期产量高。适合早熟密植矮架栽培和无限生长类型品种。但这种整枝方式在果实商品性状方面不如改良式整枝，而且单位面积用苗数多，根系发展受到一定限制，植株容易早衰。

② 一干半整枝：除主茎外，保留第 1 花序下方的第 1 侧枝，仅留 1 穗果后即摘心，上面留 2 片叶，其余侧枝全部摘除。这种整枝方式总产量比单干整枝高，有限生长类型的品种多采用此法整枝。

③ 改良单干整枝：除主枝外，保留主茎第 1 花序下方的第 1 侧枝，但不坐果，只保留侧枝上 1~2 片叶，其余侧枝全部摘除。用这种方式整枝，植株发育好，叶面积大，坐果率高，果实发育快，商品性状好，平均单果重量

大，前期产量比单干整枝和一干半整枝高，总产量比单干整枝高。

④ 双干整枝：除主枝外，再留第1花序下生长出来的第1侧枝，而把其他侧枝全部摘除，让选留的侧枝和主枝同时生长。这种整枝方式早期产量和单果重量均不及单干整枝，且结果较晚，但可以增加单株结果数，提高单株产量，并且根系发育好，植株生长健壮，抗逆性强。这种整枝方式适用于土壤肥力水平较高的地块和生长期较长、植株生长势旺盛的中晚熟品种。

(3) 打杈 在整枝过程中摘除多余的侧枝，谓之打杈。打杈的操作不可过早或过迟，因为植株地上部和地下部的生长有一定的相关性，过早摘除腋芽，会影响根系的生长，而打杈过晚，会大量消耗养分。一般掌握在侧芽长到6～7厘米时摘除较为合适，并要在晴天进行，以利于伤口愈合。

(4) 摘心与摘叶

① 摘心。番茄植株生长到一定高度，结一定果穗后就要把生长点掐去，称做摘心，也可称做打顶或打尖。摘心的目的是保证在有限的生长期内所结的果实能充分膨大和成熟。有限生长类型番茄品种可以不摘心。一般早熟品种、早熟栽培、单干整枝时，留2～3穗果实摘心；晚熟品种、大架栽培、单干整枝时，留4～5穗果实摘心。注意：摘心要根据当地生长期的长短确定留果穗数，于拉秧前45～50天摘心。为防止上层果实直接暴晒在阳光下引起日灼病，摘心时应将果穗上方的2片叶保留，遮盖果

实。为防止番茄病毒的人为传播，在田间作业的前1天，应由专人将田间病株拔净，带到田外烧毁或深埋。作业时一旦双手接触了病株，应立即用消毒水或肥皂水清洗，然后进行操作。

② 摘叶。结果中后期植株底部的叶片衰老变黄，说明已失去生长功能，需摘去。摘叶能改善株丛间通风透光条件，提高植株的光合作用强度，但摘叶不宜过早和过多。

3. 疏花疏果与保花保果

(1) 疏花和疏果　为使番茄坐果整齐、生长速度均匀，可适当进行疏花、疏果。第1花序果实长到鸡蛋黄大小时，每株留3～4个果穗，每穗留4～5个大小相近、果形好的果实，疏去小果和畸形果，可以显著提高商品质量和产量。

(2) 保花保果　番茄落花现象比较普遍，造成落花的主要原因包括：①营养不良，包括土壤营养和水分不足、植株损伤过重、根系发育不良、整枝打杈不及时、高夜温下养分消耗过多、植株徒长、养分供应不平衡等；②生殖发育障碍，温度过高或过低、开花期多雨或干旱等，都会影响花粉管的伸长和花粉发芽等，容易产生畸形花（长花柱或短花柱花等）而引起落花。露地春番茄早期落花的主要原因是低温或植物损伤；中晚熟番茄夏季落花的主要原因是高温多湿。防止落花必须从根本上加强栽培管理。使用植物生长调节剂可有效防止落花，而且可以刺激果实发育。常用的植物生长调节剂有2,4-D（使用浓度15～20毫克/千克）、PCPA（对氯苯氧乙酸，又称防落素、番茄灵，使用浓度 25～30 微升/升）等，可作喷花或蘸花处理。

4. 病虫害防治

露地春茬番茄，在幼苗期要特别注意防治猝倒病和立枯病等病害，并注意防治小地老虎和蝼蛄等害虫。田间发病的主要病虫害有晚疫病、早疫病、叶霉病、青枯病、病毒病、蚜虫、棉铃虫等，要注意及时防治。防治方法按照第六章执行。

六、采收

露地春番茄在定植后 60 天左右便可陆续采收。对于鲜果上市的品种，最好在转色期或半熟期采收，如果番茄需要贮藏或长途运输最好在白熟期采收，加工番茄最好在坚熟期采收。适时早采收可以提早上市，增加前期产量和效益，并且还有利于植株上部花穗和果实的生长发育。番茄采收时最好去掉果柄，以免刺伤别的果实。采收后，根据大小、颜色、果实形状，有无病斑和损伤等进行分级包装，提高商品性。

在植株上用 1000 毫克/千克乙烯利手工涂抹或用小喷雾器直接喷洒白熟果（注意不能喷到叶上，以防药害），可提早红熟，提早上市。

采后催熟可用 2000 毫克/千克乙烯利浸泡果实 1～2 分钟，然后贮存在 25℃左右条件下催熟，大约 4～5 天即转色变红。采收后催熟必须严格控制温度，低于 20℃催熟慢，低于 8℃ 时易受冻害腐烂，高于 30℃ 也易引起腐烂。在最后一批果实成熟前，可用 2000～4000 毫克/千克乙烯利全田整株喷洒，可提早 4～6 天采收。

第二节　露地越夏番茄栽培技术

越夏番茄的生育期，处于高温多雨，虫害、病害严重发生的季节，番茄产量低、品质差，所以在生产中，长期存在"伏淡期"。越夏番茄通过实施"两网一膜"技术（遮阳网、防虫网、塑料薄膜）创造棚内有利于番茄生长发育的环境条件，可以明显提高夏季番茄的产量和品质。

一、品种选择

夏季高温多雨，应选择耐热、抗湿、抗病毒病、抗逆性强的高产、优质、中熟或中晚熟品种，如中蔬 4 号、夏宝、毛粉 802、佳粉、强丰等。

二、育苗

越夏栽培与早春茬番茄壮苗不同，主要是苗龄期较短，从播种至定植 30～40 天，华北地区一般在 4 月下旬播种育苗，6 月初定植。播前用 1% 高锰酸钾溶液浸种 15 分钟，再用清水浸种 3～4 小时，洗净种子，晾干水分后播种。每亩大田需苗床 10 平方米左右，苗床宽 1.2～1.5

米，撒适量有机肥后浅锄，耧细耧平，灌跑马水，水渗下后播种，然后盖土 0.5 厘米。盖种土为过筛细园土，每平方米苗床的盖种土中拌入 50％多菌灵粉剂 5～8 克。播后盖草苫保湿，支拱棚及遮阳网防雨降温。出苗后去除草苫，晴天中午前后覆盖遮阳网。育苗期要注意控制温度和湿度，防止徒长。3 叶期分苗，每亩大田需分苗床 40 平方米左右。在单株有 5～7 片真叶、株高 15～20 厘米时即可定植。夏季壮苗标准是：节间较短，茎秆粗壮且上下一致，小叶片较大，叶柄粗短，叶色浓绿，子叶不过早变黄或脱落，幼苗大小整齐，无病虫危害。

三、定植

越夏番茄应于 6 月上旬定植。番茄定植前 7～10 天，每亩施充分发酵腐熟的有机肥 5000～8000 千克，过磷酸钙 80～100 千克，深翻 30 厘米。高温闷棚 5～6 天后通风降温，耙地起垄，垄宽 1.2 米，其中垄背宽 80 厘米，垄沟宽 40 厘米，垄高 15～20 厘米，结合起垄每亩施尿素和硫酸钾各 15～20 千克或复合肥 30～40 千克。定植密度既不可过稀，又不可过密。一般采取大、小行定植，小行距 40 厘米，大行距 80 厘米，株距 35 厘米，每亩定植 3200 株左右。按株距开穴，穴深 14～15 厘米，每穴中施入发酵腐熟的豆饼肥 100～150 克，使肥土均匀，浇足定植水。随后搭大棚架，架上盖 0.06 毫米厚的薄膜作为防雨膜，两侧盖至离地 40～50 厘米处，以利通风。晴天中午前后盖遮阳网降温。

四、定植后管理

(1) 缓苗期管理 浇定植水后第 2~3 天及时中耕松土，7~8 天浇 1 次缓苗水。为加速生根缓苗，定植以后到第 1 花坐果前一般不灌水，如干旱可于晴天上午轻浇 1 次水。

(2) 缓苗后至第 1 花序果实膨大期的管理 在缓苗后和第 1 花序坐果前，要控制浇水，多次中耕，以促根控秧。待第 1 穗果坐果，须追肥浇水，每亩追施尿素 10~15 千克，要距植株基部 15~20 厘米处穴施或沟施，追肥后及时浇水，之后中耕松土、培土。实施化控，第 1 次追肥浇水后，要喷洒 150 毫克/千克助壮素。

(3) 严防病虫害 注意封严防虫网，同时加强病情观察，一旦发现病株，及时拔除并随即进行药剂消毒。

(4) 单干整枝 因结果期比较集中，宜单干留 4 穗果，基部分枝长至 10 厘米左右时摘除，以促进根系发育，以后的分枝尽早摘除。采用中架或高架栽培，及时插架绑蔓。

五、结果期管理

越夏番茄除继续加强病虫防治和整枝绑蔓、激素涂花或蘸花外，重点是遮光降温、避雨、通风排湿、水肥供应、及时疏果和适时采收。

注意收听天气预报，做好遮阳网及棚顶薄膜的揭盖，保持棚内温度白天不高于 30℃，夜间不高于 20℃。如果是晴天，气温在30℃以上一般在上午9点盖遮阳网，下午4点揭网。气温升高，光照特别强烈，下午可延迟揭网时间。气温在35℃以上，白天可全天覆盖，傍晚揭开。阴天、雨天可以不盖网。在大雨和暴雨到来之前，要在大棚上面加盖塑料薄膜以避雨。雨后及时揭去薄膜。避雨能有效地防止因土壤湿度过大和透气不良而沤根，并能避免因风雨传播某些病害。

为满足越夏番茄结果期对养分和水分的需求，自植株第1花序果实膨大期追肥、浇水后，在第2、3、4花序的果实膨大期，每次都要追施复合肥15～20千克。为促进果实膨大，提高品质，还要叶面喷施磷酸二氢钾和光合微肥2～3次。在避雨栽培的情况下，土壤追施肥料后必须浇水，浇水的次数应比追肥的次数多，一般6～7天浇1次水，浇水后要适时浅中耕松土。

在第1花序的果实如蚕豆大小时，要进行疏果。夏季番茄一般单干整枝留4穗果。大果型品种，一般每穗留3～4个果。疏果前要有专人拔除病毒病植株，清除病株残体。疏果时，先用药水对手消毒，在操作过程中不可吸烟。要及时摘除植株下部老叶、病叶。要加强晚疫病、病毒病和斑点病等病害的防治；要及时防治蚜虫、棉铃虫等虫害。

六、采收

越夏番茄采收期正值高温多雨季节，为避免烂果、裂果，应在果实开始转色变红时立即采收，放阴凉处以待销售；后期拉秧时，将青果放在 20～25℃。

第三节　露地秋番茄栽培技术

　　根据秋季前期温度高、降雨多等特点，应选用抗热、抗病、高产、优质品种，并进行遮阳网育苗，以防病毒病和其他病害的侵害。管理上于霜降前 25 天左右进行摘顶，其他管理同春季番茄。

第三章

番茄设施栽培技术

第一节　大棚春茬番茄栽培技术

一、选择适宜品种

大棚春茬番茄应选择早熟或中早熟、耐弱光、耐寒、抗病性好的品种。

二、培育适龄壮苗

北方大棚栽培番茄适宜的播种期一般在 12 月上中旬，苗龄的长短依栽培方式、品种及育苗技术水平而异，通常春季保护地栽培的早熟品种以 60～70 天为宜，中熟品种以 70～80 天为宜，生理苗龄以幼苗长至八九片叶展开、株高 25～28 厘米、现大花蕾为宜。

三、提早定植

春茬番茄对提早定植的时间特别敏感，提早定植 1～2 天都可能会有明显的差别，因此应提倡提早定植。提早定植的时间还要根据大棚内的最低温度来确定。在清晨 10 厘米深地温达到 5℃ 以上，最低气温不再出现 0℃，且能维持 5～7 天时要尽量提早定植。定植应选择阴冷天气刚过、晴暖天气刚开始的上午进行。按行株距打孔，一般早熟品种行距 40～50 厘米，株距 25～30 厘米，密度 4500～

6660 株/亩；中晚熟品种行距 50～60 厘米，株距 33～36 厘米，密度为 3100～4000 株/亩。

四、定植后的管理

1. 变温管理

番茄定植后，温度采用"4 段变温"管理，即把一天的气温分为 4 段进行管理。午前见光后，应使棚内温度迅速上升至 25～28℃，促进植株光合作用的进行；午后随着光合作用的逐渐减弱，通过通风换气措施，使温度降至 25～20℃；前半夜为促进光合产物从叶片向其他器官的转移，应使温度保持在 17～14℃；后半夜为尽量减少呼吸消耗，应使温度降至 12～10℃，但注意不要低于 6℃。由于定植初期外界气温低，应采取覆盖草苫或纸被、张挂天幕、加设小拱棚等措施，提高保护地内的气温、地温，促进生根、缓苗和植株的正常生长发育。随着外界气温的升高，应逐渐加大放风量，使大棚内的温度基本符合"4 段变温管理"的要求。

2. 增加光照

在温度允许的情况下，每天要尽量早揭和晚盖保温覆盖物，并经常清除透明覆盖材料上的污染物。及时打杈，并打掉植株下部的老叶、病叶和黄叶，增加群体的通风透光程度，促进果实早日转色成熟。

3. 合理浇水追肥

当第一穗果长至核桃大小时开始浇水追肥，每亩可追尿素 12～15 千克、过磷酸钙 20 千克、磷酸二氢钾 20 千克或硫酸钾 10 千克，不可单追尿素。也可使用三元复合肥 15～20 千克。第一穗果采收后，可再按上述用量追施 1 次。每次追肥都要和浇水相结合。浇水次数、浇水量应根据植株长势和天气情况而定，并且要以防病为前提。浇水多易引起多种病害的发生，要注意天气预报，浇水后不能赶上阴天。应选择晴天上午浇水，实行膜下灌水，防止空气湿度过大。

4. 搭架与绑蔓

在番茄定植 2 周左右开始搭架，植株长至 30 厘米以上时开始绑蔓。设施内最好用尼龙绳吊蔓。

5. 整枝与打杈

设施栽培番茄的整枝方法，对有限生长型番茄以改良式单干整枝为主；对无限生长型番茄以单干整枝为主，也可采用连续摘心整枝或多次换头整枝。

(1) 连续摘心整枝 当主枝第一穗花开放后，将紧靠该穗花下部叶腋中出现的第一侧枝留下，其余侧枝打掉，待主枝上第二穗花出现后，上留 2 片叶摘心，这时第一侧枝上第一穗花出现，同样将紧靠该穗花下部叶腋中出现的第二侧枝留下，其余侧枝打掉，待第一侧枝上的第二穗花出现后，上留 2 片叶摘心，以此类推。可根据需要留 4～10 穗果。

(2) 多次换头整枝 先在主枝上留 3 穗果后，上留 2 片叶摘心，然后待主枝上第 2 穗果采收结束时，选择植株上部发出的健壮侧枝留一两个，然后每个侧枝上留两三穗果后再次摘心，待侧枝上一两穗果采收结束后，再选择植株上部发出的健壮侧枝留一两个，以此类推。可根据需要留5～10穗果。

6. 保花保果和疏花疏果

在第一花序开花时，为了防止落花落果，可用生长调节剂处理。同时，为了使果实在有限的生长期内能够充分正常发育，形成大小一致的商品果，需进行疏花疏果。一般每穗花序大果型品种留4个果，小果型品种留5个果，其余花或果可全部去掉。

7. 果实催熟

为了促进果实成熟，提早上市，生产中可用乙烯利催熟。将40%乙烯利的浓度配制成500～1000微升/升，用软毛刷或粗毛笔将溶液涂在绿熟期的番茄果实上，或用2000微升/升的乙烯利溶液浸泡番茄1分钟，捞出后放在25℃左右的密闭条件下催熟，可早上市5～7天。但目前生产上不提倡用这种方法催熟。

第二节　大棚秋茬番茄栽培技术要点

一、品种选择

大棚秋茬番茄的栽培技术关键是预防病毒病。应选择

抗病性强（尤其是抗病毒病）、耐热、生长势旺盛的大型
果实的无限生长型中晚熟品种。

二、育苗

　　大棚秋茬番茄育苗期一般在 7 月上中旬，日历苗龄以
25～30 天为宜，生理苗龄以株高 15～20 厘米、有三四片
叶展开为宜。

　　育苗时要准备防高温、防雨苗床。首先选择排水、通
风良好的地块作为育苗场地，然后做成比地面高出 10 厘
米以上的高畦，并在其上部搭荫棚。播种时种子最好直播
在营养土块或塑料钵、纸袋、塑料袋等育苗容器中，每钵
（袋）播三四粒种子，待出苗后再间除弱小苗，每钵留 1
株。为防止徒长，在幼苗两三片真叶展开时，可用
0.05％～0.1％的矮壮素或 0.15％～0.2％的 B-9 喷洒叶片
两三次。苗期注意防治蚜虫，还要喷施植病灵或病毒 A，
预防病毒病。

三、定植后的管理

　　大棚秋茬番茄定植时仍处于阳光较强、高温多雨的季
节，要做好遮阴防雨的准备。大棚要及时粘补破损处，棚
顶要有遮阴物，四周通风。降雨天把薄膜盖严防雨，形成
一个比露地凉爽的优越环境条件。

　　生育后期，随着温度降低和光照减弱，应以增温、保
湿、增光为主。逐渐减少放风，加强保温覆盖，把塑料薄
膜上的遮阴覆盖物去掉，擦拭干净，以增加透光率。

秋茬番茄多采用单干整枝,留三四穗果摘心,每穗果留四五个。开花期仍需用生长调节剂蘸花或喷花。当果实长到核桃大小时,每亩追施磷酸二氢铵20千克,并随之灌水。每次灌水后都要及时中耕培垄,随着气温下降灌水次数减少,后期可将植株下部叶片打掉,并注意避免空气相对湿度过大和薄膜上的水滴落到植株上。

第三节　冬季日光温室番茄栽培技术

可根据日光温室的保温效果来确定茬口安排,保温效果好的温室可进行一年一茬长季节栽培,北方一般于9月份播种,第二年6月份拉秧。如果保温效果不好,可进行秋冬茬和冬春茬两茬栽培。各栽培茬口管理上大同小异。现以越冬茬为主,介绍冬季日光温室番茄栽培技术。

一、品种选择

越冬茬栽培是在一年中最寒冷的季节利用日光温室生产番茄产品,故应选择耐低温、耐弱光、抗病及果型、颜色等都较好的中晚熟品种。

二、培育壮苗

越冬茬番茄一般于8月中旬至9月上旬播种,过晚或过早会受早春茬或秋延迟茬冲击而影响价格。可采用简易穴盘育苗、苗床及营养钵育苗、营养块育苗及现代化工厂育苗。苗床应选择前茬未种过茄果类蔬菜、地势高燥、通风排水好的地块，还要离日光温室较近，以便运输。每1亩面积温室需准备种子30～50克，准备播种苗床5平方米，分苗床60平方米。苗床床面应高出地面10～15厘米，以利通风透光和排水。每平方米用1.5～3克敌克松进行苗床消毒。

待播番茄种子先在55℃水中浸泡15分钟，再用0.1％高锰酸钾或10％磷酸三钠浸泡15分钟，漂洗后播于苗畦配制好的营养土中，播后盖上地膜，上盖小拱棚，两侧离地面10厘米处卷起薄膜以利通风，一般3～5天可出苗。幼苗出土后要多见阳光，但要避免强光直射，气温超过30℃要遮阴。出苗后7～10天，苗子长到2叶1心时进行分苗，苗距8～10厘米见方。幼苗5叶、7叶期用40％～50％的矮壮素1000倍液各喷1次，可使幼苗粗壮，叶色浓绿，叶片增厚，促进花芽分化。定期喷药预防病虫害，并喷施两三次叶面肥。

三、适期定植

如果小苗移栽，一般应在9月中下旬定植，这时幼苗一般4～6片真叶，但不显花蕾，定植后容易成活。最好进行分苗，在9月上旬至10月上旬幼苗长到8～10片叶，已显花蕾时定植。定植前15～20天，每亩施腐熟优质有机肥5方，氮磷钾复合肥50～60千克，过磷酸钙10千克，施肥后深耕耙平。定植要选晴天上午进行，株距40～

50 厘米，行距 60～70 厘米，每亩栽种 3000 株左右。定植后起垄，覆盖地膜，膜下浇 1 次透水，以利缓苗。

四、田间管理

1. 温光管理

番茄刚定植时正处于初秋天气，温度比较高，管理上主要以降温保湿、促进缓苗、促进新生根的生长和发育为主。定植后温室内白天温度控制在 28～30℃，尽量不超过 33℃，夜间 15～18℃。7～10 天缓苗后，温度适当降低，防止番茄苗徒长，白天 25～28℃，夜间 14～16℃。开花结果后适当提高白天温度，以 28～30℃ 为好，但夜温不可过高，13～15℃ 即可。冬季夜间温度降低时，可通过加盖小拱棚、覆盖防寒膜、热风炉加温等方式保持和提高温室内的温度。整个生育期要加强光照。在温度允许的情况下，要尽量早揭和晚盖保温覆盖物，并经常清除透明覆盖材料上的污染物。在温室的后墙和两侧山墙上，可张挂反光幕（膜）。及时打杈，并打掉植株下部的老叶、病叶和黄叶，增加群体的通风透光程度，促进果实早日转色成熟。

2. 肥水管理

定植后至缓苗前一般不再浇水，缓苗后至开花结果前应尽量少浇水，少施肥，以防徒长。开花结果后应加大肥水供应，可随水冲施磷酸二氢铵或复合肥。浇水一般选择晴天上午进行，尽量采取膜下灌水，小水勤浇。每穗果长到核桃大小时，可每亩追施尿素 20 千克，或粪稀 300 千克，硝酸钾 10 千克；第二穗果膨大期喷施 0.3% 磷酸二氢钾。

3. 湿度管理

定植后至缓苗前应保持棚内较高湿度，以利缓苗，缓苗后要通过放风降低棚内湿度，尤其开花结果期要保持较低湿度，以防病害发生。

4. CO_2 施肥

番茄开花结果期正是外界寒冷的 12 月份，通风不良，需补充 CO_2，常用方法是用碳酸氢铵与稀硫酸反应放出 CO_2，其反应产物硫酸铵还可作为肥料使用。根据温室内容积大小，计算出各种原料的用量，于晴天上午 8～10 时施放，使 CO_2 浓度达 800～1000 微升/升，增产效果十分明显。

5. 植株调整

采用单干整枝，每株保留五六穗果后摘顶，可于其中部保留一健壮侧枝代替主枝继续生长。植株长到 50 厘米以后要及时吊蔓和绑蔓。侧枝长到 5～10 厘米长时及时抹杈，后期及时打掉下部老叶病叶，以利通风和光合积累，减少病害发生。

6. 保花保果

番茄开花期正处于低温弱光期，坐果困难，可用 10～15 毫克/升 2,4-D 蘸花。第一穗果一般留 3～4 个果实，之后每穗果可留 4～5 个果实。第二年春季番茄换头以后，要及时点花，防止气温低而落花。

7.病虫害防治

处于夏秋季节的生长前期，要注意防治白粉虱、蚜虫、病毒病等病虫害；开花结果期注意防治叶霉病、灰霉病、晚疫病等病害。病虫害的防治措施见第六章。

五、适时采收

越冬番茄可在元旦后自然成熟，即行采收。为满足元旦、春节市场供应，也可采用乙烯利催熟，把白熟期的果实摘下，用 2000～3000 毫克/升的乙烯利喷洒或浸泡 1 遍，取出放在温床内，保温 25℃左右，注意通风，5～7 天即可变红。也可把植株上白熟的果实用 500～1000 毫克/升的乙烯利涂抹，7～8 天后可变红。变红的果实 5～6℃下可保存 20 天左右，可根据价格和市场需求确定上市时间。

日光温室秋冬茬和冬春茬番茄的栽培技术基本与越冬茬相似，可参照管理。

第四章

番茄特色高产优质栽培管理技术

第一节　番茄"双根双蔓"整枝栽培方法

番茄双根双蔓整枝栽培方法适合种植无限生长型的任何一个品种。

一、育壮苗定植，确保主枝根深叶茂

第一穗花絮下的侧枝选一个健壮的留下，其他的全部抹去，留下的这一侧枝待生长到 50 厘米以上，就可深埋生根。具体做法：揭起地膜，在株距 40 厘米的两株番茄中间平行地挖两条 20 厘米长、10 厘米宽、3 厘米深的倒立抛物线形的沟槽。将两株番茄侧枝（50 厘米长度）轻轻地压入沟底，侧枝顶尖各自朝向对面另一株支架（吊绳）下，然后浇水，待水下渗后覆土，轻轻用手拍平，盖地膜。新根半月左右生成。

二、"双根双蔓"的管理

支杆（吊绳）上的原有老枝仍然按单干整枝方法进行。第一穗果成熟后摘果，打去一穗果以下的老叶及新长出的枝条，新生枝长到需要绑架的时候，应及时绑在原生长枝架上。新生枝仍然按单干整枝方法进行。老枝的叶，原则上不繁密、不挡光、不影响通风、不摘叶，5 穗果时摘心，待果子全部成熟后，及时将全部的叶摘去。并在长出新生枝的老枝上端大约 15 厘米处剪断，老枝仍留在架上（用吊绳的可将枝干剪成小段取走）。这时的新生枝已转客为主，5 穗果时摘心。如果采用深施堆肥的方法，采用新的番茄整枝，留多少穗果视土壤肥力及番茄长势而定。同时，应加强田间管理，必须给新根、老根追施肥，叶面施肥要跟上。

双根双蔓栽培一般生长、采收期长达一年左右，番茄销售的淡季、旺季全能赶上，且省工、增产幅度大。

第二节　保护地栽培番茄应如何进行配方施肥

番茄保护地栽培，基本打破了季节性，可采用温室、大/中/小棚、地膜覆盖栽培综合配套措施，实现周年生产，四季供应市场。保护地栽培番茄产量高，需肥量大，施肥原则是以基肥为主，追肥为辅；以重施优质有机肥料为主，化肥为辅。

一、巧施苗肥

可根据苗情适量喷施 0.2%～0.3% 硫酸铵或磷酸二氢钾。除叶面追肥外，在幼苗 1～2 片真叶时，施用 CO_2 气肥 800～1000 微升/升，连续施用 20 天，增产效果很好。

二、重施基肥

番茄栽培应尽量避免与茄科作物接茬或连作，最好与大田作物或葱蒜类、"辛辣"蔬菜接茬，也可与十字花科或豆科蔬菜接茬。

我国蔬菜主产区高产优质的生产经验表明，基肥标准是保证菜园土壤中有机质含量 3%～4%，全氮 0.2%左右，速效氮 60～200 毫克/千克，速效磷（P_2O_5）100～150 毫克/千克，速效钾（K_2O）300 毫克/千克左右。山东省寿光市保护地番茄基肥标准：无害化处理的鸡粪（以干重计）3000～5000 千克/亩或牛粪、猪粪（以干重计）6000～8000 千克/亩，或者煮熟的豆饼/大豆 75～100 千克/亩、氮磷钾三元复合肥 50～75 千克/亩，或尿素 50～75 千克/亩、过磷酸钙 75～100 千克/亩，或磷酸二铵 50～75 千克/亩、硫酸钾 40～50 千克/亩。

将前茬作物残体除净后，有机肥加基施化肥总量的 2/3 拌匀，撒入棚室菜田内，深耕晒垡。定植前 15 天，耙细整平做畦开沟，将剩余的 1/3 化肥施入定植行中，使定植畦达到松、壮、暖、净的要求。定植前覆好膜，闷棚 7 天左右，高温消毒后再定植。若无条件测土配方施肥时，在一般土壤肥力基础上，则可撒施优质腐熟的农家肥（猪粪、鸡粪、圈肥等）7000～8000 千克/亩，深翻 30～40 厘米，再倒翻一遍，使肥土混匀，耙细整平。

三、勤施追肥

追肥的目标是壮秧催果，协调营养生长与生殖生长平衡，促控结合，高产优质。追肥的原则是由少到多，由稀到浓，前期以氮肥为主，中后期以磷钾肥为主。可将完全腐熟的稀粪尿或饼肥液与溶解性好的化肥交替施用。土壤干旱追肥宜淡，而湿润宜浓。一般规律是每采收 1 次果实追肥 1 次。整个生育期需追肥 3～5 次。

第一次轻施发棵肥：结束蹲苗后开始浇水，结合浇水追施发棵肥，以氮肥为主。一般是在定植后 10～15 天，结合浇水追施完全腐熟的粪尿肥液 500 千克/亩或者硫酸铵 20 千克/亩。表层土见干时，松土培垄，适当蹲苗，促进根系生长和叶面积扩大，防止徒长。有条件时，应适时适量施用 CO_2 气肥。晴天 1000 毫克/升，阴天 500 毫克/升。

第二次重施催果肥：在第一穗果开始膨大时，根系吸收养分的能力旺盛，此时协调同化物的合理分配和养分平衡供应十分重要，也是番茄一生中重点追肥期。应以氮肥为主，配施适量磷钾肥。可追施磷酸二铵 10～15 千克/亩，也可追施沤制好的饼肥汁液或腐熟的稀人粪尿，随水冲施 450～800 千克/亩，并配施硫酸钾 10 千克/亩左右，也可配施生物肥料。结合地面追肥、浇水，早上日出后 30～40 分钟开始施 CO_2 气肥 1～2 小时，浓度为 1000～1500 毫克/升，通风前 30 分钟结束。连续 15～20 天，可增产 20%～30%。

第三次巧施盛果肥：番茄进入盛果期是吸收养分的高

峰期。此期施肥量要大，并特别注意配施磷钾肥和微量元素肥料，否则易落花落果，造成减产。一般是在第一穗果采收后，第二穗果开始膨大时追施氮磷钾三元复合有机肥料或磷酸二铵 40～50 千克/亩，或者追施完全腐熟好的粪尿肥液或豆饼肥液（稀释 19～20 倍）1000～1500 千克/亩，随水冲施效果更好。同时依据番茄长势，巧施 CO_2 气肥，方法和用量可参照催果肥。

第四次适施防早衰肥：日光温室或智能化温室冬春茬或秋冬茬栽培中，晚熟品种番茄结果期长，产量高，需肥量大。适时追施第四次、第五次防早衰肥，可促进番茄结果后期老株更新，并于来年 3～4 月第四至第七穗果及时上市，补充蔬菜淡季，产量高、质量好。一般在第二穗果采收后至第三穗果采收前，每次随水追施稀粪尿肥液 1000～1500 千克/亩或氮磷钾三元复合肥料 30～50 千克/亩。在结果的后期也可进行叶面追肥，效果好、成本低。可选择晴天的傍晚或雨后晴天喷施 0.2％～0.3％磷酸二氢钾或尿素。若因缺钙或缺硼发生脐腐病或畸形果，可及时喷施氯化钙 0.5％或硼砂 0.05％溶液，连喷数次，防治效果较理想。

第三节　温室番茄叶面施肥注意事项

温室番茄叶面施肥一般从坐果后开始，直到植株拉秧为止，在番茄产量形成过程中起着重要作用。叶面施肥要及时针对不同情况采用不同的管理方式，具体应注意以下几点：

一、要根据番茄的生长情况确定营养的种类

一般来讲，结果前期，植株生长比较旺盛，易徒长，应少用促进茎叶生长的叶面营养。可选用磷酸二氢钾、复合肥等。结果盛期，植株生长势头开始衰弱，应多用促进茎叶生长的叶面营养来促秧保叶，可选用尿素、糖及大源一号、稼棵安等各类叶面专用营养液。

二、要根据天气情况确定营养的种类

阴雪天气，温室内的光照不足，光合作用差，番茄的糖供应不足，叶面喷糖效果比较好。

三、叶面及时喷施钙肥

番茄果实生长需要较多的钙，土壤供钙不足时，果实容易发生脐腐病。因此，在番茄结果期应该喷施氯化钙、过磷酸钙、氨基酸钙、补钙灵等钙肥以满足番茄对钙素的需要。

四、番茄叶面施肥的间隔时间要适宜

番茄叶面施肥的适宜间隔时间为5～7天。其中叶面喷施易产生肥害的无机化肥间隔时间应长一些，一般不短于7天，有机营养的喷施时间可适当短一些，一般5天左

右为宜。

五、番茄叶面施肥应注意与防病结合进行

温室内冬春季节叶面施肥往往会造成保护地内空气湿度明显增大，易引起番茄发病。因此连阴天叶面喷施肥料次数要少，施肥时加入安泰生、杜邦易保等保护性杀菌剂，并在施肥后进行短时间通风以减少发病率。

六、叶面肥使用不当的处理

发生肥害伤叶时，要用清水冲洗叶面，冲洗掉多余肥料，并增加叶片的含水量，缓解叶片受害程度。土壤含水量不足时，还要进行浇水，增加植株体内的含水量，降低茎叶中的肥液浓度。

第四节　沼肥促番茄丰产

将沼液、沼渣应用到番茄生产中，既可以提高番茄产量，又能降低农药残留，减少病虫害的发生，达到无公害蔬菜标准。沼渣、沼液可应用于土壤改良、浸种、追肥、防病等方面。

一、沼液浸种

沼液中有水溶性氮、磷、钾等微量元素和刺激类物

质，能有效促进秧苗生长，同时还具有杀菌、抑制病虫害发生的作用。其具体方法是：将番茄种子晒 1～2 天后，浸泡到过滤好的沼液中 8～12 小时，即准备下种。

二、用沼渣进行土壤改良

沼渣是有机物经发酵制取沼气后的固体残留物。除含有大量氮、磷、钾等速效养分外，还含有丰富的有机肥和腐殖酸，能明显改善土壤的理化性质、培肥地力。

（1）施放前的准备　沼渣不能直接施用于农田，尽管其中大部分虫卵在发酵过程中被杀死，但难免还有一些活的寄生卵存在。因此在使用前先加入 1%～2% 的浓氨水，也可加入 1% 的尿素或 2%～3% 的石灰，搅拌均匀。堆放 2～3 天后备用。如急需使用则可将 50 千克沼渣与 1 克敌百虫溶液搅拌均匀，堆放一夜后施用。

（2）沼渣底施　在番茄定植前，每亩施 2000～2500 千克沼渣，并根据番茄熟性、栽培时期等的不同配比少量化肥。对于早熟品种，每亩施入磷酸钙 15～20 千克、硫酸钾 10～15 千克、尿素 5 千克左右；对于晚熟品种，应适当控制氮肥用量。混匀后均匀撒于地表再旋耕 30 厘米。

三、用沼液进行追肥防病

沼液是有机物经发酵制取沼气后的液体残留物。它不仅含有氮、磷、钾、微量元素、氨基酸等多种营养物质，而且含有丁酸、吲哚乙酸、维生素 B_{12} 等活性、抗性物质，具有促进作物生长及控制病害的双重作用。具体方法如下：

（1）**追肥**　番茄定植后 7～10 天，结合浇水追施沼液催果，将沼肥用水按 1：1 稀释后，按亩用量 1000 千克浇入。当第一穗果开始膨大时结合浇水施入尿素 8～12 千克。第一穗果将近收获，第二穗果膨大时植株进入盛果期，每亩再追施沼肥 1500 千克左右，连续追肥 3 次，可以达到壮秧、防早衰和提高果实品质的目的。

（2）**叶面喷施**　用纱布将沼液过滤澄清后，以沼液兑1.5 倍清水再叶面喷施 4～5 次，能增产 20％左右，并可有效防止番茄的早、晚疫病及灰霉病的发生。

第五节　温室番茄多次坐果技术

番茄采用多次坐果技术，一次播种，收获 2～3 次，产量可提高 2 倍以上。具体技术如下：

一、适期播种

（1）**播前准备**　取未种过蔬菜的田土 6 份，过筛后加充分腐熟的猪粪 4 份，混匀后每立方米粪土混合物再添加50％多菌灵 40 克、磷酸二氢钾 0.3 千克、尿素 0.2 千克。营养土配制好后铺设育苗床。育苗床长 330 厘米，铺好后用脚踩一遍，浇水后覆膜升温。分苗用的苗床与育苗床铺法相同，浇水后覆膜升温。

（2）**品种选择**　由于日光温室冬春茬番茄的生育期处于低温寡照的季节，应选择在低温下易坐果、果实发育快、商品性状好的中早熟品种，如佳粉 15 等。

（3）**播种时间**　根据多年的生产经验，播种期以 9 月下旬至 10 月上旬为宜，11 月下旬定植，翌年 2 月上中旬开始收获。

（4）**种子处理**　播种前选晴天将种子晾晒 2 天，然后将其放入 50～55℃的水中浸泡 15～20 分钟，待水温降至 30℃时搓掉种子上的黏液并用清水洗净，然后再将其放入 25～30℃的温水中浸泡 5～6 小时，浸泡完毕后将其放在温度为 25～28℃的环境中催芽，2～3 天后即可出芽。此外，还可将种子进行低温处理，即把浸泡后即将发芽的种子放在温度为 0℃左右的环境中 1～2 天，然后缓慢升温，这样可促进种子发芽，增强幼苗的抗寒性。

（5）**播种方法**　种子露白后即可播种，播种前先用喷壶将苗床表面喷湿，然后撒上一薄层湿润的细土，每平方米播种 5～10 克种子，播种后覆盖 1 厘米厚的细土。出苗前土壤温度保持在 23～25℃，4～5 天即可出苗。

二、培育壮苗

由于日光温室冬春茬番茄的育苗期处在秋末冬初季节，要想培育出适龄壮苗，苗期管理十分关键。

（1）**出苗后到分苗前的管理**　当 50% 的幼苗出土后，苗床白天温度控制在 22～25℃，夜间温度控制在 10～12℃。幼苗子叶展开后，要及早间苗并除去病苗和弱苗。

分苗前一般不浇水，以防湿度过大引发病害，土壤相对湿度以 60%～70% 为宜。幼苗第一片真叶出现后加盖小拱棚，适当提高苗床温度，白天温度控制在 24～26℃，夜间温度控制在 12～15℃。幼苗长至 2 叶 1 心时即可分苗，注意分苗不可过晚。

（2）分苗后至定植前的管理　分苗既可防止幼苗拥挤徒长，还能促进幼苗多发侧根。分苗要在晴天上午进行，将子苗栽植在事先准备好的分苗床上即可，苗间距以 15 厘米为宜。栽植后将苗床浇足水，再覆盖一薄层营养土保墒。为促进缓苗，分苗后苗床温度要适当提高，白天温度控制在 25～28℃，夜间温度控制在 10～18℃，地温控制在 18～22℃。分苗后大约 1 周时间，幼苗就开始扎根，生长点也开始生长，这时为了防止幼苗徒长可适当降低苗床温度，白天温度控制在 25～27℃，夜间温度控制在 10℃左右，地温控制在 18～20℃，以促进花芽分化。

（3）当苗龄达 55～56 天时就可以定植了。为增强秧苗的抗逆性和抗寒能力，提高定植成活率并缩短缓苗期，幼苗定植前要进行低温炼苗。经过低温锻炼的秧苗，可短时间忍受 0℃ 左右的低温而不致发生冻害。炼苗一般在定植前 7～10 天进行，白天温度控制在 20～22℃，前半夜温度控制在 8～10℃，后半夜温度逐渐降低至 6～8℃。

三、合理密植

（1）整地施肥　定植一周前将地整好。整地时亩施腐熟的鸡粪 12～15 立方米、磷酸二铵 50 千克、尿素 30 千克、硫酸钾 20 千克，施肥后翻地（深 40 厘米以上），然后整平，整好地后按大行距 70 厘米、小行距 50 厘米起垄，垄高 15 厘米。

（2）定植时间 冬春茬番茄的定植时间一般在 11 月下旬，定植时温室内表层土壤（10 厘米厚）的温度应在 13℃以上。

（3）定植密度和定植方法 一般每亩温室栽 3000 株左右，株距为 26～27 厘米。定植工作应在晴天上午进行，定植时按土坨大小挖好定植穴并放入土坨，坨面比垄面低 1 厘米，然后浇足定植水，5～7 天后覆盖地膜。

四、定植后的管理

（1）温度与光照管理 为促进缓苗，定植后至缓苗前应做好温室的保温工作，白天温度控制在 28～30℃（超过 30℃时要放风），夜间温度控制在 15～18℃。缓苗后白天温度控制在 27～28℃（超过 28℃时要放风），前半夜温度控制在 15～18℃，后半夜温度控制在 10～12℃。在温室后墙上可张挂反光幕，以改善室内的光照条件。进入结果期后，室内白天温度控制在 25～28℃，前半夜温度控制在 14～18℃，后半夜温度控制在 10～13℃。随着天气的转暖要加大通风量，室温超过 30℃要及时放风。当外界气温最低达 15℃时要昼夜通风。番茄果实膨大后，着色期最适宜的温度为 24℃，白天温度控制在 24～26℃，夜间温度控制在 15～17℃，地温控制在 15℃以上，这样番茄不仅膨大速度快，着色速度也快。

（2）肥水管理 定植后浇足水，第一穗果坐住前一般不再追肥、浇水，以促进根系发育，控制植株徒长。如土壤过于干旱，可于晴天上午浇小水，浇水后适当放风散湿。待第一穗果长到核桃大小时开始追肥、浇水，每亩温室追施尿素 20 千克、磷酸二铵 20 千克、硫酸钾 10 千克。追肥和浇水应在晴天上午进行，浇水后先闭棚升温，温度升高后要加大放风量。待第二穗果膨大时再追肥一次，追肥量与第一次相同。果实进入膨大期后，每隔 7～10 天浇一次水，水量要均匀，否则易发生脐腐病、早疫病和晚疫病。

（3）整枝吊秧 番茄定植半个月后，植株生长到一定高度就不能直立生长，应当用绳子吊秧。栽培时进行单干整枝，番茄开花前不打杈，开花后将侧枝全部去掉。打杈不能过早，以杈长至 3 厘米长时去除为宜。

（4）施用激素保花保果 栽培冬春茬番茄必须施用激素保花保果。目前常用的激素有 2,4-D 和番茄灵。2,4-D 的适宜浓度为 10～20 毫克/千克，温度高时浓度宜低，温度低时浓度宜高。施用时先根据 2,4-D 的说明书配好药液浓度，然后加入红广告色做标记，避免重复蘸花造成畸形果。蘸花以当天开放的花朵为宜，用毛笔蘸少许药液涂抹花柄，要一朵一朵地抹，防止药液滴到植株幼叶和生长点上产生药害。番茄灵的适宜浓度为 25～50 毫克/千克，配好后将开有 3～4 朵花的花穗在药液中浸蘸一下，然后用小碗接住从花序上流下来的药液。为防治灰霉病，配制上述药液时可加入 0.2%速克灵或扑海因。

（5）**适期采收** 顶部变红标志着果实进入转色期。当有 1/2 或 2/3 的番茄转色时即可采摘上市。采摘要在头一天晚上进行，摘后放到 22~24℃ 的环境中密封保存，第二天上市时番茄基本上都会变红。番茄第一穗果应适当早摘，否则易引起植株早衰。

（6）**换头** 在番茄第三穗果采收前，将下部的老叶、病叶打掉，选留两条健壮的侧枝进行培养。选留侧枝的位置根据具体情况而定，一般上部留枝结果早，下部留枝植株健壮，视两条侧枝生长情况选留一条。第二穗果采收后剪掉主干，培养侧枝，在侧枝上继续留果。侧枝留 3~4 穗果摘心，整枝方式同前。这样换头可进行 2 次。

第六节　番茄延后一种多收栽培

番茄延后栽培是指在番茄采摘清园后，通过一系列整枝处理，使之能够再生新株二次开花结果，延长番茄的生长期，达到一次播种多茬收获，实现降本增效、早熟高产的目的。延后栽培途径有以下几种：

一、更新换头

整枝采用单干三穗果管理方式，当第三花序结果后，在主干第一穗果下留一健壮侧枝，其余侧枝全部摘除。将基部老熟叶片打掉以利通风透光，保证侧枝健壮生长。为了促进侧枝生长，在植株附近开沟，亩施磷酸二氢铵 25～30 千克、硫酸钾 15～20 千克，或三元复合肥 30～50 千克。当最后一穗果采收后，在距侧枝上部 5 厘米处将衰老主茎剪掉，使侧枝代替主茎生长，达到二次开花结果的目的。

二、埋茎再生

第一茬番茄收完后，解除吊绳或支架，拔除生长弱的植株。选留强壮植株，剪掉枯死枝叶，保留旺盛新枝，在原垄中间挖一条长 25～30 厘米、深 13～15 厘米的沟，施入三元素蔬菜专用肥 40～60 千克，或磷酸二氢铵 25～30 千克、硫酸钾 15～20 千克，覆少量土将肥盖严。然后将主茎埋入沟内，浇水，覆土。使土中地下茎再生新根，新根、老根共同吸收肥水，迅速培育出新生植株，达到二次开花结果的目的。

三、分蘖移栽

番茄根部易长次生根，产生分蘖苗。将分蘖苗移栽，易成活，结果早，2～3 周即可结果。当头茬番茄第二花序开花时，采取培土、施肥、浇水等措施，促进次生根分蘖。分蘖苗根部有白点时即可将分蘖苗掰下移栽。移栽前开沟施足基肥，亩施优质农家肥 6～8 立方米、三元素蔬菜专用肥 40～50 千克，覆少量土将肥盖严。将移栽苗按株距 20～25 厘米栽植于沟内。移栽时最好用 50 毫克/千克的 ABT 生根粉蘸根，以促进根系早生快发，提高成活率。

四、侧枝扦插

选择健壮、丰产性好的植株，以 2～3 穗果间萌生的粗壮侧枝作为插条，用刀片在侧枝基部切下，去掉下部叶片，每枝顶端留 3～4 片叶。扦插前开沟施肥，一般亩施腐熟农家肥 6～8 立方米、三元素蔬菜专用肥 40～50 千克，覆少量土将肥盖严，扦插时将扦插苗用 100 毫克/千克的 ABT 生根粉溶液浸泡 3～4 小时，最后将扦插苗按 25 厘米的株距摆入沟内，浇足底水后覆土埋严。也可采用营养液处理扦插苗，其方法是：在 10 千克水中加尿素 5 克、磷酸二氢钾 8 克，配制成营养液分别装入罐头瓶里，每瓶装营养液 400 毫升，放 8～10 株扦插苗，在阳光下催根，5 天换一次营养液，10 天即可生长出白根定植扦插，成活率在 90％以上。

第七节　大棚番茄扦插栽培技术

番茄的茎为半直立性，易生不定根，利用这一特性，可进行扦插繁殖。番茄进行扦插栽培，不仅可以节约种子成本，还可缩短育苗时间 25～35 天，且秧苗生长整齐，缓苗快，易管理。扦插苗定植后 45～60 天即可采收，产品上市早，价格高。

一、扦插育苗

(1) 苗床设置 选择大棚内光照好、温度稳定、土质疏松肥沃、排灌方便、通风好的地段做苗床。扦插前要深翻晒土，施入基肥，并用多菌灵或高锰酸钾等进行苗床消毒。整细耙平，做畦，畦宽 1～1.2 米。按 10 厘米间隔开小沟，沟深 3～5 厘米，并灌水。

(2) 扦插 从番茄植株上选择无病、健壮、生长点完好的主枝或侧枝，从其顶端截取 4～5 节长 10～15 厘米的枝条。摘除扦插枝上已现蕾的花序，剪去下部的大叶片，并将下端切口削平滑，然后将枝条下端浸入 50 毫克/千克 NAA 溶液中 10 分钟，取出后用清水冲洗，以备扦插。将处理过的枝条按 10 厘米间距将插穗放入，并覆盖经过筛的苗床土。覆土厚度占插穗自身长度的 1/3。扦插后立即搭小拱棚遮光、保温保湿，避免因高温、强光或低温而导致插穗萎蔫。

(3) 扦插后管理 苗床气温白天控制在 28～30℃，夜间 17～18℃，气温超过 30℃，要遮阴降温，不要通风，以防枝叶萎蔫。空气相对湿度保持在 95% 以上，土壤保持潮湿。温度低时向苗床喷洒清水，并喷洒尿素、磷酸二氢钾、红糖各 0.1% 的混合液 1 次。扦插 5 天后，枝条开始萌发不定根，此期苗床气温白天控制在 25～28℃，夜间 15～17℃，地温仍保持在 18～23℃。适当增加光照时间和强度，适量通风，发现轻度萎蔫及时喷洒清水，较重时遮阴，喷洒尿素、磷酸二氢钾各 2% 的混合液 2 次，注意预防病害。扦插 15 天后，枝条下端已长出 5 厘米以上新根 5～7 条和许多短的不定根，可按正常苗管理。此期气温白天控制在 20～28℃。前半夜 14～16℃，后半夜 12～13℃并撤去小拱棚，进行浅中耕。喷施尿素、磷酸二氢钾各 0.2%的混合液 3 次，定植前一周炼苗。苗床喷肥每次每亩用肥液 50 千克。

二、整地定植

(1) 整地 每亩均匀撒施腐熟农家肥 4000～5000 千克，三元复合肥 75 千克，深翻 30 厘米耧平。

(2) 定植 扦插 25～30 天时定植。晴天定植以利缓苗。定植密度大行距 70 厘米，小行距 50 厘米，株距 33 厘米，每亩定苗 3300 株左右。按株距将起好的苗摆入沟中，然后在行间取土封垄，先与苗坨平，每株浇水 1.5 千克，然后继续封垄，垄高 10～13 厘米。在小行沟上铺地膜，一膜盖 2 行。

三、栽培管理

(1) 温度管理 缓苗期气温白天 28～30℃，夜间 17～18℃，地温保持在 18～23℃，不放风，空气相对湿度 95%以上。缓苗后，气温白天 25～28℃，前半夜 15～17℃，后半夜 10～13℃，同时注意放风排湿，相对湿度不超过 80%。

(2) 水肥管理 扦插苗定植后需要较多的营养物质。缓苗后结合浇水，每亩追施复合肥 30 千克，保持土壤潮湿。以后每次浇水追施尿素或磷酸二氢铵 20 千克。每天上午可施放二氧化碳气肥，并定期追施叶面肥。

（3）植株调整

① 化学调控：扦插成活的番茄苗定植后生长速度快，茎秆稍细。为使茎秆粗壮，可按每株 250 克用量，给植株灌施矮丰灵 100 倍液。

② 整枝：采用单干整枝方式，及时打掉新发出的侧枝，保留 4 穗果打顶，打顶时间以第 5 花序现蕾后最佳。整枝时应在晴天进行，以防止植株伤口受病菌侵染。

③ 蘸花：每花序开放 3～4 朵花时，用 10～15 毫克/千克的 2,4-D 溶液蘸花，每花序保留 5 个果。

④ 及时疏果：开花坐果后，在每穗果中选留 3～4 个大小均匀的果实，其余幼果一并疏掉。

（4）搞好田间卫生管理　对剪下的侧枝、老病叶及除掉的杂草等及时清理出温室，保持田间清洁，杜绝病虫源。

四、病虫害防治

（1）病害　定期喷洒 1.5％植病灵 1000 倍液或 1：（20～40）的豆浆预防病毒病；75％的百菌清 500 倍液或 85％乙膦铝 500 倍液防治晚疫病；50％速克灵 1500 倍液防治灰霉病。

（2）虫害　发现蚜虫或白粉虱时要及时防治。具体防治方法见第六章。

第八节 番茄无土平面栽培技术

无土平面栽培番茄，具有投入低、产出高、品质好、易操作等优点，深受广大菜农欢迎。

一、准备工作

（1）**建营养液池** 营养液池是用来稀释浓缩营养液的，最经济实用的方法是：用水泥砌成，位置最好建在大棚的中央，以便于供液主管合理布局，易于控制。营养液池的大小根据冬暖大棚的大小而定，一般每亩建 5 立方米的池子即可。池内壁可划上精确刻度，以便于观察容量。

（2）**基质的选择与消毒** 常用的基质有砂、珍珠岩、炉渣、蛭石、炭化稻壳等。常用的消毒方法是用 40% 的甲醛原液稀释 50 倍，将基质喷湿拌匀，并用薄膜盖好，经 25 小时后揭膜风干，两周后即可使用。

（3）**开地槽** 槽深一般为 20～30 厘米，槽宽 50 厘米，两槽间距 50 厘米。注意槽壁一定要直，槽底要平，槽与槽之间要踏实，以利于操作。

（4）**铺薄膜** 地槽挖好后，最好用黑色无破损的薄膜铺盖，以免基质表面生长绿藻。薄膜宽度一般为 2.5 倍的槽宽加 2 倍的槽深，长度要比槽长稍长一点，两端折回来以防止营养液流失。

(5) 填充基质 向铺薄膜的地槽中填充备好的基质，填得略高出地面为好，一定要摊平。

(6) 安装滴灌管 采用通常使用的滴灌设施即可，填好基质后顺地槽中间放好滴灌管，然后安装横向主管。

(7) 封槽 用地槽中露出来的薄膜把基质连同滴灌管一起覆盖起来，并把地槽两端的薄膜折上来，使薄膜形成一个筒状，把基质包在中间，下不漏水、上不见光，使营养液不流失、不蒸发。

二、育苗与定植

一般选择长势强的无限生长型品种，提前播种育苗，待幼苗长到 7 片真叶时即可定植。定植前通过滴灌先浇一遍营养液，把基质浇透，然后将育好的番茄苗按行距 40 厘米、株距 33 厘米打孔定植于已处理好的基质中，定植深度以 5 厘米为宜。

三、营养液与灌溉

番茄苗定植后，第一周只浇清水即可。一般营养液原液的稀释倍数为：苗期 200 倍；结果初期 120 倍；盛果期 100 倍或 75 倍。营养液的 pH 值一般控制在 5.8～6.0 之间为宜。

供营养液的原则与土壤种植相似，即缺水即浇，但不能涝渍。由于槽底铺有塑料薄膜，水分不会渗漏流失，用水量大大降低，灌溉时应严格掌握灌水量。

四、植株调整与温湿度管理

当番茄植株第一花序果实膨大、第二花序开花时，及时用绳吊蔓。一般采用单干整枝，早春茬每株留果 7～8 穗，秋茬留 6～7 穗，最后一穗花序形成后留 2 片叶摘心，一般每穗留果 3～4 个，对畸形果及变黄的老叶应及时摘除，以利通风透光。为提高番茄的坐果率，防止落花落果，可用防落素或番茄灵处理刚刚开放的花朵。番茄生长期间，白天棚温以 22～26℃为宜，超过 28℃应进行通风，夜间以 15～18℃为宜。刚定植后应维持较高的空气湿度。当进入生殖生长期后，可维持空气相对湿度 75％～80％。

五、采收

当果实表面约有 30％着色时应采收，适时采收可增加早期产量，提高产值，且有利于植株后期着生果的发育。一般无土栽培比土壤栽培有早熟、高产的特性。

第九节　番茄有机生态型无土栽培技术

有机生态型无土栽培技术是指不用天然土壤，而使用基质；不用传统的营养液灌溉植物根系，而使用有机固态肥并直接用清水灌溉作物的一种无土栽培技术。与传统的营养液无土栽培相比，还具有以下特点：

(1) 用有机固态肥取代传统的营养液 有机生态型无土栽培是以各种有机肥或无机肥的固体形态直接混施于基质中，作为供应栽培作物所需营养的基础。在作物的整个生长期中，可隔几天分若干次将固态肥直接追施于基质表面上，以保持养分的供应强度。

(2) 取材方便 可以利用就地取材的秸秆、废菇渣等农产废弃物代替昂贵的草炭作为栽培基质，取材范围广泛，成本低。

(3) 操作管理简单 传统无土栽培的营养液，需维持各种营养元素的一定浓度及各种元素间的平衡，尤其是要注意微量元素的有效性。有机生态型无土栽培因采用基质栽培及施用有机肥，不仅各种营养元素齐全，其中微量元素更是供应有余，因此在管理上主要着重考虑氮、磷、钾三要素的供应总量及平衡状况，大大简化了操作管理过程。

(4) 大量节省生产费用 由于有机生态型无土栽培不使用营养液，从而可全部取消配制营养液所需的设备、测试系统、定时器、循环泵等设施，大幅度降低了无土栽培设施系统的一次性投资。另外，有机生态型无土栽培主要施用消毒有机肥，与使用营养液相比，其肥料成本降低60%～80%。

(5) 产品质优可达"绿色食品"标准 从栽培基质到所施用的肥料，均以有机物质为主，所用有机肥经过一定的加工处理（如利用高温和厌氧发酵等）后，在其分解释放养分过程中，不会出现过多的有害无机盐，使用少量无机化肥，不包括硝态氮肥，在栽培过程中也没有其他有害化学物质的污染，从而可使产品达到"A级或AA级绿色食品"标准。

一、栽培设施建设

有机生态型无土栽培的设施主要包括栽培槽和灌溉系统等，一般在日光温室等设施内进行。

1. 栽培槽

可选用当地易得的材料建槽，如用木板、木条、竹竿，甚至砖块，实际只建没有底的槽的边框，所以不需特别牢固，只要能保持基质不散落到走道上就行。平整温室土壤，距温室后墙1米以红砖建栽培槽，槽南北朝向，内径宽48厘米、槽周宽度12厘米、槽间距60～80厘米、槽高15～20厘米，槽的底部铺一层0.1毫米厚的聚乙烯塑料薄膜，以防止土壤病虫传染。膜上铺3厘米厚的洁净河沙、沙上铺一层编织袋，袋上填栽培基质。

2. 灌溉系统

应具备自来水设施或建水位差1.5米的蓄水池。采用滴管软管，每槽内铺设滴管带2条。

二、栽培基质

中国农科院蔬菜花卉研究所研究表明，以玉米秸、麦秸、菇渣、锯末、废棉籽壳、炉渣等产品废弃物为有机栽培的基质材料，通过与土壤有机肥混合，在栽培效果上可以替代成本较高的草炭、蛭石。栽培基质总用量为 30 立方米/亩。可选择的有机基质配方有：①麦秸∶炉渣＝7∶3；②废棉籽壳∶炉渣＝5∶5；③麦秸∶锯末∶炉渣＝5∶3∶2；④玉米秸∶菇渣∶炉渣＝3∶4∶3；⑤玉米秸∶锯末∶菇渣∶炉渣＝4∶2∶1∶3。基质的原材料应注意消毒，可用太阳能消毒法和化学药剂消毒法。太阳能消毒法：提前用水浇透基质，使基质含水量超过 80％，盖上透明地膜，选择连续 3～5 天晴天，密闭温室，通过强光照进行高温消毒。化学药剂消毒法：定植前用 1‰高锰酸钾和地菌克 500 倍液将基质槽内外和基质彻底消毒一遍，然后关闭温室，用百菌清烟熏剂熏蒸两遍。

三、栽培技术

1. 品种选择

选择抗病、高产、质量好、抗逆性强、适应性广的品种，如中杂 11 号、佳红 5 号、上海 903、卡鲁索、欧盾等。

2. 栽培季节

(1) 早春栽培　2 月上旬播种育苗，3 月下旬定植，5 月上旬始收。

(2) 秋延后栽培　7 月上旬播种育苗，8 月下旬定植，9 月下旬始收。

(3) 越冬茬栽培　9 月下旬育苗，10 月中下旬定植，翌年 1 月中下旬上市。

3. 定植前准备

(1) 施入基肥 定植前 15 天，每立方米基质中加 10~15 千克消毒鸡粪、0.25 千克尿素、1 千克磷酸二氢铵、1 千克硫酸钾充分拌匀装槽。

(2) 整理基质 首先将基质翻匀平整一下，然后用自来水管对每个栽培槽的基质用大水漫灌，以利于基质充分吸水，当水分消落下去后，基质会更加平整。

(3) 安装滴灌管 把准备好的滴灌管摆放在填满基质的槽上，滴灌孔朝上，在滴管上再覆一层薄膜，防止水分蒸发，以增强滴灌效果。

4. 栽培管理

(1) 播种育苗 将种子用 55℃ 热水不断搅动浸泡 15 分钟，取出放入 1% 的高锰酸钾溶液中浸泡 10~15 分钟，捞出用清水洗净，置于 28~32℃ 的环境下催芽，有 70% 的种子露白后播于苗床或穴盘中，覆盖塑料薄膜保持湿度，保持环境温度白天 25~28℃，夜间 15~18℃。幼苗出土后及时撤去塑料薄膜，视苗情及基质含水量浇水，阴雨天不浇。温度管理同常规育苗，白天 20~28℃，夜间 10~15℃。苗子具 7 片叶时定植。

(2) 定植 每槽定植 2 行，行距 30 厘米、株距 35 厘米，亩栽 3000 株左右，定植后立即按每株 500 毫升的量浇定植水。

(3) 定植后管理

① 温度管理。根据番茄生长发育的特点，通过放风、

遮阳网来进行温度管理，白天 25~30℃，夜间 12~15℃，基质温度保持在 15~22℃。基质温度过高时，通过增加浇水次数降温，过低时减少浇水或浇温水提高地温。

② 湿度管理。通过采取减少浇水次数、提高气温、延长放风时间等措施来减少温室内空气湿度，保持空气相对湿度在 60%~70%。

③ 光照管理。番茄要求较高的光照条件，可通过定期清理棚膜灰尘增加透光率，通过张挂反光幕等手段提高光照强度。

④ 水分管理。定植后 3~5 天开始浇水，每 3~5 天 1 次，每次 10~15 分钟，在晴天的上午浇灌，阴天不浇水。开花坐果前维持基质湿度在 60%~65%，开花坐果后以促为主，保持基质湿度在 70%~80%。灌水量必须根据气候变化和植株大小适时调整。

⑤ 养分管理。定植后 20 天开始追肥，此后每隔 10 天左右追肥 1 次，前期只追消毒鸡粪，每次每槽 1.25 千克，当番茄第 1 穗果有核桃大小后，应根据植株长势，在追施的消毒鸡粪中添加磷酸二氢铵和硫酸钾，一般每 1 千克消毒鸡粪中加磷酸二氢铵 0.1 千克、硫酸钾 0.1 千克。肥料均匀撒在离根 5 厘米处或穴施，即可随滴灌水渗入基质。拉秧前 1 个月停止追肥，在生长期可追叶面肥 3~4 次，每隔 15 天 1 次。

⑥ 植株调整。定植后注意及时打杈绕秧，当第 1 穗果膨大到一定程度时，如出现植株生长过旺而影响通风透光时，要及时打掉第 1 穗果下的部分或全部叶片。主要采

用吊蔓方式及单干整枝，及时调整植株的叶、侧枝、花、果实数量和植株高度，保持植株良好的通风透光条件，使植株始终保持在 1.8～2 米的高度。

⑦ 授粉。番茄温室栽培中，湿度大，温度低，不易受精结果。花期可采用授粉器人工辅助授粉，也可采用防落素、2,4-D 等激素喷花或蘸花，于开花期每天 10～11 时进行。注意疏花疏果，保持每穗坐果 3～4 个。

5. 病虫害防治

(1) 病害防治 主要病害为苗期猝倒病和立枯病、病毒病、晚疫病、灰霉病、生理缺钙症等，应选用抗病品种、环境调控、栽培措施、硫黄熏蒸等手段，辅之以药剂防治进行综合防治。

① 苗期猝倒和立枯病。种子消毒采用 0.1％百菌清（75％可湿性粉剂）＋0.1％拌种双（40％可湿性粉剂）溶液浸种 30 分钟后清洗，定植时采用 50％福美双可湿性粉剂＋25％甲霜灵可湿性粉剂等量混合后 400 倍液灌根。

② 病毒病。种子消毒用 10％磷酸钠液浸种 20 分钟后洗净；注意防止蚜虫传播；在苗期，喷增产灵 50～100 毫克/升，提高抗病力；发病初期用 1.5％植病灵 1000 倍液喷防。

③ 晚疫病。为番茄重点病害，发病前期或发现中心病株后拔掉病株并带到田外销毁，将病穴用石灰消毒，立即喷施 58％甲霜灵锰锌可湿性粉剂 400～500 倍液或 72.2％普力克水剂 800～1000 倍液等药剂进行防治。

④ 灰霉病。低温高湿易发病，可采用65%甲霜灵可湿性粉剂600倍液、50%多菌灵可湿性粉剂800倍液防治，也可用速克灵烟剂熏蒸。

⑤ 生理性缺钙症。可用0.3%氯化钙水溶液喷洒叶面，每周2次。

（2）虫害防治　温室白粉虱、斑潜蝇、蚜虫是番茄的主要虫害，以采用防虫网隔离、黄板诱杀、银灰膜避虫，环境调控、栽培手段等物理防治手段为主，结合烟雾剂熏烟、药剂喷雾等手段进行综合防治。

① 白粉虱。在白粉虱发生早期和虫口密度较低时使用药剂，可用22%敌敌畏烟剂0.5千克，于夜间将温室密闭熏烟，可杀死部分成虫。喷雾采用25%扑虱灵可湿性粉剂1000～1500倍液，或10%吡虫啉可湿性粉剂1000～1500倍液防治。

② 斑潜蝇。番茄叶片被害率接近5%时，进行喷药防治。可用10%吡虫啉可湿性粉剂1000倍液，或40%灭蝇胺可湿性粉剂4000倍液，或5%氟虫腈悬浮剂1500倍液等交替使用。

6. 采收

果实进入成熟期后即可准备采收上市。采后即上市销售的，可在成熟期果着色较好时采摘；隔天上市的可在变色中期采收；如需长途贮运，应根据贮运时间在果实自熟期用1000毫克/千克的乙烯利催熟或不催熟采收，并去掉果柄，以防运输中把果实扎坏。

第五章

樱桃番茄栽培技术

樱桃番茄，又称袖珍番茄、迷你番茄、珍珠果、圣女果、小番茄等，既可作为蔬菜又可作为水果食用，也可以做成蜜饯。樱桃番茄原产于热带，果型较小，水分较多，果实直径1～3厘米，鲜红碧透（另有中黄、橙黄、翡翠绿等颜色的新品种），味清甜，无核，口感好，营养价值高且风味独特，食用与观赏两全其美。其维生素含量是普通番茄的1.7倍，还含有谷胱甘肽和番茄红素等防癌抗癌物质，深受广大消费者青睐。

第一节　樱桃番茄的形态特征及栽培方式

一、形态特征

樱桃番茄根系发达，再生能力强，侧根发生多，大部分分布于土表30厘米的土层内；植株生长强健，有茎蔓自封顶的，品种较少；大多为无限生长类型，株高可达2米以上。叶为奇数羽状复叶，小叶多而细，由于种子较小，初生的一对子叶和几片真叶要略小于普通番茄。果实鲜艳，有红、黄、绿等果色，单果重一般为10～30克，果实以圆球形为主。种子比普通番茄小，心形。密被茸毛，千粒重1.2～1.5克。

二、栽培方式

樱桃番茄在我国一年四季均可栽培；只不过在北方，

每年只生长一季，其余时间大棚种植，与露地栽培相比，在口味上有很大差别。到了华南地区，由于气候适宜樱桃番茄的生长，从每年的七、八月份开始，一直到来年的2月份，都可以吃到口味纯正的露地栽培樱桃番茄。该品种植株生长迅速，种苗种下70天后果实可成熟，可连续采摘3个月，亩产4000多千克，效益好。

1. 露地栽培

（1）春番茄　12月在大棚内进行地热线加小棚育苗，3月下旬地膜覆盖后定植大田，5月下旬至7月下旬采收。选早熟丰产的四季红、圣女等品种。

（2）秋番茄　6月下旬播种育苗，可采用营养钵育苗，7月下旬定植，9月下旬至下霜前采收，可选用四季红品种。

2. 保护地栽培

（1）小棚覆盖栽培　1月份利用阳畦或大棚内地热线加小棚覆盖育苗，3月上中旬定植，最好先行地膜覆盖后定植，定植后即扣小棚，5～7月份供应市场，较露地栽培可提早上市1个月左右。

（2）大棚栽培　12月初，冷床或棚内电热线育苗，2月下旬定植，大棚套小棚，4～8月上旬采收，选择早熟、丰产、优质品种。

（3）防雨棚栽培　和大棚栽培类似，唯有全期大棚天幕不揭，仅揭去围裙幕，使天幕在梅雨季和夏季起防雨作用，在天幕上再覆盖遮阳网，有降温作用，可使番茄延长供应期至 8 月甚至 9 月份。可选用抗青枯病的品种。

（4）大棚秋延后栽培 6 月下旬至 7 月上旬播种，8月底定植，9～12 上市。10 月覆盖大棚膜保温，可行多重覆盖，使其延长至元旦供应鲜食番茄。

（5）日光温室栽培 冬季光照充足的地区，可利用日光温室栽培春番茄，提早上市，一般 10 月份育苗，11 月份定植，2 月份开始上市供应至 6 月下旬。

第二节　樱桃番茄的育苗

一、春番茄育苗技术

1. 苗床准备

选择避风向阳、土壤疏松肥沃的田块作苗床，并在播种前盖好大棚或做好阳畦。每亩大田需育苗床 6～7 平方米，移苗床 35～40 平方米。每平方米苗床撒施草木灰 2 千克、腐熟厩肥 2 千克、氮磷钾复合肥 0.1 千克、钙镁磷肥 0.05 千克，并与床土均匀拌和，喷洒多菌灵进行土壤消毒。

2. 种子处理

播前进行种子处理，预防种传病害。方法是用 55℃ 的温水浸种 15 分钟，或用 10％磷酸钠水溶液浸泡 30 分钟，或用高锰酸钾 1000 倍液浸 10 分钟，后洗净；再用清水浸种 4～6 个小时，取出用毛巾或纱布保湿，置于 25～32℃的温箱中催芽，待 80％的种子露白时即可播种；或经磷酸钠处理后直接播种；催芽期间，每天用 25℃左右的温水冲洗种子 1～2 次。栽培每亩大田需种子 10～20 克。

3. 播种及播后管理

选晴天播种，播前浇透底水。樱桃番茄种子价格高，为保证较高的成株率，要求种子分粒摆播，并覆盖营养土 0.5 厘米。然后将苗床密闭保温保湿，直至出苗。出苗前后要注意防鼠害。出苗后及时通风换气，降低土壤和空气湿度，防止秧苗徒长。在整个育苗期间，土壤湿度和空气湿度都不宜过大；做到苗床不干不浇水，浇水也应在晴天上午 10 点至中午这段时间；遇长期阴雨天气，也要抓住停雨间隙适当通风。当夜温处于 0℃以下时，在小棚上再盖一层草帘保温。一般当幼苗具 2～4 片真叶时分苗 1 次，分苗行距 10 厘米，株距 8 厘米，用口径 8 厘米的塑料育苗钵分苗护根效果好，值得推广。分苗时间一般不晚于 12 月中旬，否则因气温低，幼苗发根慢，缓苗期长，且易受冻害。缓苗期间一般可将苗床密闭 4～5 天，保温保湿，以促进生根。春番茄苗龄一般 90～120 天，幼苗具 8～10 片真叶时定植。

4. 防止苗期病害，控制徒长

番茄栽培区病害较多，可用络氨铜或绿亨 2 号防治猝倒病、早疫病。每7~10天喷1次，连用2~3次。幼苗假植成活后定植前，根据秧苗长势，喷1500毫克/千克比久，或浇洒300毫克/千克矮壮素，可增加叶色，抑制徒长。长势过旺，3周后再喷浇1次。

二、秋番茄育苗技术

樱桃番茄大棚秋延栽培，播种适期在7月下旬，此时气温高，暴雨多，因此其育苗技术与春季有很大不同。一是要采用防雨遮阴棚育苗，即在大棚顶膜上覆盖一层黑色遮阳网，既可遮阴又可防雨；二是要强调使用营养钵分苗，以保证定植成活率，预防病害；三是要及时杀灭蚜虫，预防病毒病，有些地区栽培秋番茄往往没过好这一关，结果因病毒病大发生，引起大幅度减产，甚至绝收。秋番茄一般于二叶一心时分苗1次，待幼苗具5~6片真叶、苗龄35~45天定植。

第三节　樱桃番茄栽培管理技术

一、整地施基肥

选排灌两便、土层深厚、3年以上未种过茄科作物、无青枯病的田块种植，以壤土或沙壤土为好。酸性土壤每亩宜施100千克生石灰改良。将土壤深翻30厘米，耙平耙碎后，1.2～1.3米连沟作畦，畦宽80～90厘米，沟宽30～40厘米，深25厘米。在畦中央开深25厘米的施肥沟，亩施腐熟厩肥2000～3000千克、钙镁磷25千克、氮磷钾复合肥20千克，将肥料与土壤均匀拌和后，覆土平沟，整平畦面。

二、定植

春季定植时间因栽培设施而异，大棚栽培可在2月中下旬定植；小拱棚栽培在3月中旬左右定植；地膜栽培和露地栽培一般在3月下旬至4月上旬定植。定植宜选择在晴天进行，取苗时应淘汰弱小病苗，选根系发达、茎干粗壮的健壮苗定植，少伤根，营养钵不要散坨。整地施肥后，做成30厘米的高畦，每畦栽2行，株距35～40厘米。

秋番茄一般在8月下旬至9月初定植，此时气温尚高，也有暴雨，因此要求盖好大棚顶膜。在定植幼苗期应根据天气状况适当遮阴。

三、定植后管理

1. 温度控制

保护地栽培，夜温应比普通番茄要高才能提高品质，以不能低于9℃为管理目标。温度过低，果色、肉质都劣变，室温25℃，白天就要开始通风换气，以不超过35℃最为理想，下午气温降到20℃以下就闭窗。

2. 肥水管理

如果栽培土壤肥沃，底肥充足，一般不需追肥或只在中后期追肥。但如果土壤贫瘠、底肥不足，则追肥应在三个阶段进行。第一阶段在缓苗后追肥，以稀薄氮肥为主，追1～2次，促进发棵和坐果。第二阶段在第一穗果开始膨大时追肥，以提高坐果率，促进果实膨大，这次追肥的量，应占追肥总量的30%～40%。一般每亩可施稀粪水1000千克左右或尿素、复合肥20～25千克，施后即浇水、覆土。第三阶段在盛果期进行，一般追肥2～3次，每次每亩用复合肥10～20千克，穴施，以防止植株早衰，提高中后期产量和品质。

樱桃番茄需水量较大，但又怕渍。因此在高温、干旱季节应及时灌溉，雨季又要注意清沟排水，做到雨停畦干。要保持土壤湿度，不能忽干忽湿，以免产生裂果。大棚栽培，浇水应注意天气状况的变化，在低温季节应选择晴天浇水，浇水后适当加大通风量，降低土壤和空气湿度，预防高湿引发病害。

3. 植株调整

（1）搭架　当苗高30～40厘米时，就及时搭架绑蔓，架材一般用竹竿，也可用树枝、秸秆或塑料绳；架高1.5～2米，人字形架，绑蔓松紧要适度。

（2）整枝　无限生长型品种一般采用单干整枝，即在植株整个生长过程中，只留1个主枝，其他所有侧枝都及时摘去。自封顶类型或中间类型品种则适宜双干整枝，即除留主枝外，再留第一花序下的一个侧枝，其余侧枝全部摘去。

(3) 摘叶　为达到提高品质、增强光照、促进通气、防止病害的目的，可摘除采收果穗完毕以下的老叶。

4. 保花保果

樱桃番茄在不良环境条件的影响下，容易落花落果，特别是在早春低温和早秋高温时更易发生，影响早熟和产量。保花保果的措施，一是培育壮苗、合理施肥，使植株长势健壮，抗逆性强，花芽发育好。二是使用植物生长激素，常用的激素有 2,4-D 和番茄灵（防落素），2,4-D 适宜使用浓度为 15～20 毫克/千克，使用时用毛笔将稀释好的 2,4-D 水溶液涂抹在盛开花的花柄上即可，为防止重复涂抹，可在稀释液中放少量颜料；番茄灵使用浓度一般为 25～50 毫克/千克，浓度高低与气温呈反比关系，即高温时用低浓度，低温时用高浓度；当每序花有 2～3 朵花盛开时，用手持式小喷雾器对着花柄喷一下即可，3～4 天进行 1 次，不要重复喷用，以免产生畸形果。

5. 病虫害防治

樱桃番茄植株生长健壮，比较抗病，如栽培地点通风透光性良好，则病害发生少，整个生育期可实行无农药栽培。樱桃番茄病害主要有疫病、枯萎病、青枯病，可选用对口药剂如去病特、退菌特进行防治，虫害主要抓好棉铃虫、斜纹夜蛾防治。

四、采收包装

　　樱桃番茄从开花至果实成熟需要的时间因品种、季节等不同而异，同穗果上果实成熟有先后，应分批采收。就地鲜销的一般在果实 2/3 转红或完全红熟时采摘；远距离运输销售则应适当早采，一般在果实转白或 1/3 果实转红时采收。黄色果可在八成熟时采收，反而风味好，因其果肉在充分成熟后容易劣变。采收时注意保留萼片，从果柄离层处用手采摘。包装以硬纸箱为宜，以免压伤，通常500 克 1 个小包装，5000 克 1 个大硬纸箱或硬性塑料盒，箱上有通气孔，防止水滴，以免影响运输贮藏时间。

五、注意事项

　　樱桃番茄常出现落花落果的现象。主要原因有：一是阴天多雨，光照不足；二是栽培管理不当。此外，定植时秧苗过长、植伤过重、浇水不均匀、土壤忽干忽湿、花期水分失调、花柄处形成离层、水肥不足等原因，都会造成营养不良性落花；土壤施肥不适量，或多或少。

　　防止落花落果应采取以下措施：一是农业综合防治措施，如培育壮苗、适时定植、避免低温；及时整枝打杈，防止植株徒长；及时追肥浇水，防治病虫害和机械损伤。二是施用植物生长调节剂，常用的有番茄灵、2,4-D。番茄灵的适宜浓度为 25～50 毫克/千克，2,4-D 为 15～20 毫克/千克，于花期涂抹在花梗离层处或花的柱头上。樱桃番茄不耐肥，在栽培上要适当控制，以防疯长。

第四节 樱桃番茄巧落蔓

一、前期管理要点

落蔓前控制浇水，以降低茎蔓中的含水量，增强其韧性。落蔓宜在晴暖天气的午后进行，此时茎蔓含水量低、组织柔软，便于操作，避免和减少了落蔓时伤茎。落蔓时应把茎蔓下部的老黄叶和病叶去掉，带到棚室外面深埋或烧毁。该部位的果实也要全部采收，避免落蔓后叶片和果实在潮湿的地面上发病，形成发病中心。当第 1 花序开放时进行吊蔓。第 1 果穗的果实采收完后，当第 2 果穗的第 1 穗果迅速膨大，第 3 果穗坐住时进行第 1 次落蔓。之后，每一个果穗采收完后都要落蔓 1 次。

采取株与株之前交叉落蔓的方法，即把植株从绳上解下来，打掉下部的老叶，轻轻将植株扭到同一附近植株的位置再重新吊蔓。落蔓要有秩序地朝同一方向，逐步盘绕于栽培垄两侧。盘绕茎蔓时，要随着茎蔓的自然弯度使茎蔓打弯，不要强行打弯或反向打弯，避免扭裂或折断茎蔓。每次落蔓保持有叶茎蔓距垄面 15 厘米左右，每株保持功能叶 20 片以上，要注意前排植株茎的顶端不能超过后排，以免遮光。保证叶片分布均匀，始终处于立体采光的最佳位置和叶面积最佳状态，叶面积系数保持在 3～4。

整个生育期落蔓 5～6 次。

二、落蔓后的管理

（1）**温度**　整枝落蔓后的几天里，要适当提高棚室内的温度，促进受伤茎蔓的伤口愈合。白天温度应保持在 20～25℃，夜间 15℃左右。

（2）**喷药**　为防止病菌从茎蔓和叶片伤口侵入，可根据樱桃番茄的常发病害，在整枝落蔓后喷施速克灵、灰霉克、百菌清、代森锰锌等药剂防治叶霉病、灰霉病和早、晚疫病。喷药时可在农药中加入叶面肥，既可防病，又能增产。

（3）**肥水管理**　落蔓虽能降低植株的结果位置，却不能缩短结果部位与根系的实际距离。加之营养体越来越大，如肥水供应不足，会造成结果质量越来越差、果实越来越小等问题，因此，应供应充足的肥水，以满足植株生长需求。追肥以硫酸钾等钾肥为主，每次每亩追肥 15～20 千克，同时进行浇水。

（4）**打杈、摘老叶**　单干整枝，其他侧枝及时除去。每穗果实采摘后将果穗下面的叶片全部摘除。果穗以上的叶片不可摘除，以保证上层果实发育良好。打杈和摘老叶要在晴天进行，以利伤口愈合。打杈时掰杈的手只接触杈子，不接触全干，以避免传播烟草花叶病毒。摘叶应尽量在靠近枝干部位上摘除叶片，注意不要留叶柄，以免产生灰霉病。

第六章

番茄的病虫害及防治措施

番茄的病虫害主要包括生理性病害、微生物病原菌病害和虫害三个方面。下面分别做一介绍。

第一节　番茄常见生理性病害及防治

番茄果实发育的生理性病害是栽培中存在的主要问题之一。常见的生理性病害有小叶病、畸形果、空洞果、顶腐病、裂果、筋腐病、日烧病等，对产品质量影响很大。产生生理性病害的原因包括营养元素缺乏，低温、高温、干旱、湿度大、日灼等环境条件不适等。

一、营养不良（缺素症）的症状及防治措施

土壤中营养成分少或植株吸收营养能力较低都可导致植株营养不良，过多的水分、低温以及植株根部受伤和病害的侵染等都有可能使植株、茎叶、果实营养不良。其症状表现：植株生长缓慢，叶片褪绿，甚至烫伤，果实发育不良，结果减少，严重时果底腐烂或产生斑点。

1. 缺氮

设施栽培中番茄缺氮的可能性比较小，引发缺氮多是由于定植前大量施入没有腐熟的作物秸秆，碳素多，微生物在分解这些有机物的过程中需要大量的氮素，只能夺取土壤中的氮，导致土壤中可供应番茄的氮量减少。露地栽

培，由于降雨多，氮很容易被淋洗，随雨水流走或渗入深层土壤。砂土、沙壤土容易缺氮。栽培后期，收获量大，从土壤中吸收氮多而追肥不及时可能缺氮。

番茄植株缺氮在苗期即可显症，缺氮幼苗较老的叶片偏黄，黄绿色区分界不明显。缺氮植株生长缓慢呈纺锤形，全株叶色黄绿色，早衰。轻度缺氮时叶变小，上部叶更小，颜色变为淡绿色。严重缺氮时叶片黄化，黄化从下部叶开始，依次向上部叶扩展，整个植株较矮小。缺氮叶片要比正常叶片薄。此外，缺氮叶片叶绿素减少，花青素显现，因而有时会出现紫斑（图6-1）。

图6-1　正常叶（左）与缺氮叶（中、右）的比较（彩图见文前插页）

2. 缺磷

苗期磷素不足会使植株生长缓慢，叶片变紫，在苗较小时下部叶变为绿紫色，并逐渐向上部叶扩展。叶小并逐渐失去光泽，进而变成紫红色。成株期缺磷症状由下部叶片向上发展，先是叶面略显皱缩。进而叶片正面及背面的叶脉变为紫红色，这是缺磷的典型特征（图 6-2），高温下叶片卷曲。后期叶脉间的叶肉白化，出现白色枯斑。植株的生长严重受阻，顶部幼叶小且生长缓慢。顶部新生的茎细弱，较老的叶过早死亡。果实小，成熟晚，产量低。

图 6-2　缺磷叶片（彩图见文前插页）

有时土壤中并不缺磷，但常因低温、干旱阻碍了根系的吸收能力，而出现缺磷症状。磷素在土壤中移动性较小，幼苗期需磷量大，应底施、深施。磷易被土壤胶体固定，所以施磷肥时可与腐熟好的有机肥混合施或开沟集中施，可采用颗粒状磷肥，使其减少与土壤的接触面。生长中后期叶面喷施补磷，提高磷肥的利用率。

3. 缺钾

番茄是需钾较多的作物，缺钾时，叶脉保持绿色，但主叶脉之间的叶片组织褪绿，叶片卷曲，呈赤绿色，严重时沿叶缘发生灼伤（图 6-3）。缺钾症状首先出现在老叶上，钾不足降低了果实中酸的含量，同时引起果实内部褪色。有时即使土壤中钾的含量不低，由于中后期根系吸收能力下降，不能提供足够的钾素供给果实发育和植株生长，当果实成熟时仍表现出缺钾症状。当土壤中的钾供应不足时，果实的发育就以损害叶片为代价，通常当结3～4穗果后，老叶出现缺钾，症状尤为明显。若根系发达，则症状出现较迟。

图 6-3　缺钾（彩图见文前插页）

预防措施：栽培时施足钾肥，钾肥易挥发、淋失，应采取基施、追施以及叶面喷施相结合，保证中后期钾素的供应。

4. 缺锌

锌不足可使叶脉间叶片变黄，并发展成黑色斑点或变紫（图6-4）。缺锌严重，可阻碍植株生长，引发小叶症。植株生长期可叶面喷施硫酸锌 0.02％～0.1％水溶液预防。

缺锌多出现在植株中、下部叶上，植株多呈矮化状态。上部叶片细小，呈丛生状，俗称"小叶症"，一般不出现黄化现象。从中部叶开始褪色，与健康叶比较，叶脉清晰可见，随后叶脉间叶肉逐渐褪色，有不规则形的褐色坏死斑点，叶缘也从黄化逐渐变成浅褐色至褐色。因叶缘枯死，叶片会向外侧稍微卷曲，并有硬化现象。坏死症状发生迅速，几天之内就可能导致叶片枯萎。生长点附近的节间缩短，新叶不黄化。叶片尤其是小叶叶柄向下弯曲，卷起呈圆形或螺旋形。果实色泽偏向橙色。

图 6-4　番茄缺锌（叶片变小）（彩图见文前插页）

　　缺锌是由多种因素造成的。淋溶强烈的砂土全锌含量很低，有效锌含量更低，施用石灰时极易诱发缺锌现象。花岗岩母质发育的土壤和冲积土有时含锌量也很低。碱性土壤中锌的有效性低，一些有机质土如腐叶土、泥炭土，锌会与有机质结合成为不易被作物吸收利用的形态。光照过强，吸收磷过多，土壤 pH 值高，或低温、土壤干旱，土壤内的锌元素释放缓慢，番茄植株会因得不到充足的锌供应而缺锌。再者，磷的施用可抑制植株对锌的吸收。

苗期提高设施温度，白天温度保持在20℃以上，夜温保持在15℃左右，同时保持土壤湿润。不要过量施用磷肥。目前，锌肥主要为硫酸锌，此外还有氧化锌、硝酸锌、碱式硫酸锌、碱式碳酸锌、尿素锌、乙二胺四乙酸螯合锌及含锌的复合叶面肥等。生产上为预防缺锌，通常于定植前在基肥中施用硫酸锌，每667平方米施用1.5千克。作为应急对策可用硫酸锌0.1%～0.2%水溶液喷洒叶面。

5. 缺钙

(1) 症状　番茄缺钙时植株生长发育受阻，植株矮小、瘦弱，叶片下垂（图6-5）。缺钙初期，心叶边缘发黄皱缩，严重时心叶枯死；植株中部叶片形成大块黑褐色的斑块，其后全株叶片翻卷，并失去绿色，呈现淡黄色；缺钙到一定程度，植株茎干变扁、中间位置开始下陷，中期症状为有深陷的缝隙，然后缝隙变穿孔；果实脐部出现水渍状浅黄褐色至暗绿褐色病斑，表面凹凸不平，病部组织坏死，也称脐腐病。在果实膨大成熟期间，如果钙供应不足，还会出现裂果（图6-6），并导致果实着色不良，形成绿背果、筋腐果、茶色果，使果实失去光泽。

(2) 番茄缺钙的原因

① 土壤本身有效性钙含量低。不同的土壤含钙状况不一样，与土壤母质、质地、pH有很大关系。花岗岩、闪长岩发育的土壤和硅质砂岩发育的土壤，其全钙含量比

(a) 番茄缺钙（幼苗缺钙症状）

(b) 番茄缺钙（生长点坏死，上部叶片黄化）

(c) 番茄缺钙（叶缘出现枯死）

(d) 番茄缺钙（引发的脐腐病）

图 6-5　番茄缺钙（彩图见文前插页）

图 6-6　番茄缺钙裂果（彩图见文前插页）

较低，石灰性土壤含钙量比较丰富。土壤钙形态有 4 种，即水溶态钙、代换态钙、有机态钙和矿物态钙，其中水溶态钙和代换态钙是植株可以直接利用的有效性钙，而土壤钙肥力水平取决于代换态钙的含量。

南方土壤多数是酸性土壤和砂性土壤，这类土壤在风化过程中遭受强淋溶作用，导致成土母质中钙的大量流失，使得土壤钙的含量降低，阳离子交换量变小，影响钙的有效性，导致土壤缺钙。

南方露地栽培番茄，番茄植株从土壤中带走的钙远远大于大田作物，当钙得不到及时补充，土壤钙缺乏，番茄可吸收利用的有效性钙量不足以满足植株的生长，就会出现生理性缺钙。

② 根系吸收钙的能力差。钙以二价离子形式被植物吸收，根系是植株吸收钙的主要部位，植株主要通过根尖凯氏带的区域吸收钙离子，而形成凯氏带的主要区域是吸收养分能力强的根毛区，但根毛区位于成熟区，根毛区内的细胞已经停止伸长，并且多已分化成熟，细胞老化很快，从而使吸收能力强的根毛区失去吸收钙离子的能力，只能依靠根毛区之前的根尖幼嫩部分（伸长区、生长点、根冠）来吸收钙离子。

根尖主要通过质流、扩散和截获等方式吸收钙离子，被吸收的钙离子是依靠细胞内外的浓度梯度和电势梯度的物理化学动力，以扩散方式进入细胞。由于钙的吸收量很小，易造成植株钙的缺乏。

③ 钙在植株体内的移动性差。其运输主要是发生在木质部导管向上的长距离运输，其运输动力是蒸腾作用。

蒸腾作用强的叶片积累的钙多，而新生部位以及果实的蒸腾量远小于叶片，加之钙在韧皮部的移动性差，叶中的钙难以再运输和分配到新生部位和果实。因此由韧皮部汁液供应果实和籽粒的钙含量相对较低，约占植物总钙含量的 5%，植株钙缺乏时果实首先发生缺钙症状。

另外，果梗含有较多的草酸，可与钙结合形成溶解度小的草酸钙沉淀，使钙离子的浓度降低，而草酸钙沉淀随果实成熟逐渐增多，堵塞维管组织，从而阻碍后期钙的运输，导致果实缺钙。

④ 养分的相互拮抗作用。钙与钾、铵、镁等发生拮抗作用，一种元素含量过高会降低植株对其他元素的吸收。当氮肥施用过量，尤其是铵态氮过多，或氯化钾、硫酸钾、硫酸钾镁等致盐能力强的肥料大量施入土壤后，一方面使土壤盐分浓度增加，抑制根系吸收水分和钙离子，诱导植株缺钙；另一方面钙与铵、钾、镁等发生拮抗作用，降低番茄对钙的吸收和利用。

另外，土壤中的磷酸根离子、硫酸根离子与钙离子反应生成难溶性的磷酸钙、硫酸钙，影响土壤中钙的有效性，降低番茄对钙的吸收，从而诱导缺钙症状的发生。

⑤ 土壤干旱。干旱不仅使土壤溶液浓度增加，造成土壤中钙离子移动性减小，扩散速率减缓，根尖幼嫩部分生长受阻，根尖吸水量减少，地上部叶片蒸腾速率降低，根尖吸收钙的能力受到抑制，同时干旱还会使植株内产生大量草酸，与钙形成了草酸钙，降低钙的有效性。番茄开花到结果期间对钙的需求量增加，此时遇到干旱就易引起缺钙的发生。

（3）番茄缺钙综合防治措施

① 土壤补钙。根据土壤的特点，对酸性、砂性等易缺钙的土壤重点补钙。

首先，增施有机肥。有机肥养分全面丰富，不仅能改善土壤物理结构和化学性状，提高土壤保水保肥能力，增加土壤微生物数量，加快难溶性钙盐的分解，还可以吸附大量盐离子，减少盐渍化发生，增加土壤有效钙的含量。

其次，补施钙肥。钙肥主要有石灰、磷矿粉、石膏、钙镁磷肥、氯化钙、过磷酸钙、硝酸钙、氨基酸钙等。对砂性土壤宜轮换施钙镁磷肥、硝酸钙等，而酸性土壤和缺钙严重的地块宜适量施石灰，既能改良土壤的酸性也能给土壤提供钙素。钙肥可作为基肥和追肥使用，结合深耕，深施钙肥，将钙肥和有机肥混合作为基肥施入土壤，采用穴施或条施，有利于植株根系对钙的吸收与利用。

② 叶面喷施钙。当番茄根系吸收钙出现障碍、土壤施用钙肥没有效果时，叶面喷施就是一种有效的补钙方法。

研究表明，番茄需钙的主要时期是开花期到结果期，特别是开花期、坐果前期和果实膨大期，养分吸收量迅速增加。番茄吸收钙的关键时期是结果后 1 个月内，可喷洒 0.5% 氯化钙、0.1% 硝酸钙、1% 过磷酸钙或其他叶面肥。由于钙在植物体内是难移动性的，为促进钙的转运，喷施钙的同时可施用激素，如将 0.5% 氯化钙液＋5 毫克/升萘乙酸液混匀后喷施。从开花期开始，间隔 7 天左右喷 1 次，连喷 2～3 次。

使用氯化钙及硝酸钙时，不可与含硫的农药及磷酸盐混用，以免产生沉淀。

在果实发育时喷施钙肥，一定要注意均匀喷施果面，以防低钙区域裂果。其他时期喷施钙应少量多次，确保在新生组织和果实发育过程中能积累钙。叶面喷施钙肥不仅可以提高番茄的产量和品质，还具有成本低、简单易行的优点。成熟果实中钙含量较高时，可以长时间保持果实的硬度，抑制乙烯产生，有效地防止采后储藏过程中出现腐烂现象，延长储藏期，提高果实储藏品质。

③ 科学施用化肥。钙与铵、钾之间有拮抗作用，土壤中铵、钾含量过高，以及氮、钙比过高（N∶Ca＝10∶1）时，均能抑制根系对钙的吸收。番茄所需养分的吸收量顺序是 K＞N＞Ca＞Mg＞P，因此应科学控制氮、钾肥用量，注意单次用肥不宜过量，宜少量多次施用，并及时灌水压盐，以防因施肥过多而引起的盐分障碍导致土壤缺钙。

④ 适量补施硼肥。硼可促进钙的吸收及其在植株体内的运移性。适量的补施硼肥可促进叶片的碳水化合物向根系输送，促发新根，有利于根系对钙的吸收，提高坐果率，预防缩果病。因此在土壤中补钙和叶面喷施钙时均可加适量的硼肥，一般选用 0.1％～0.2％硼砂溶液喷施，间隔 7 天左右喷 1 次，连喷 2～3 次。

⑤ 加强综合管理。做好水分管理，番茄栽培忌干湿不均，当土壤干旱时应及时灌溉，雨天及时排出田间积水，保持土壤润而不湿，使钙处于易被吸收的状态，增加

植株对钙的吸收。同时还要及时修整植株，单干只留主蔓，其余侧枝摘掉，摘心打顶可以提高坐果率，其间注意及时疏果、摘除植株基部老叶，使其通风透光，增强叶片的蒸腾作用，有利于植株对钙的吸收和利用，减轻缺钙生理性病害的发生。

6. 缺硼

缺硼症状首先出现在上位叶片，新叶停止生长，在叶柄上形成不定芽，叶色变淡，顶部叶片畸形，整株叶片脆而易碎，生长缓慢（图6-7～图6-9）。随病情发展，小叶褪绿或变橘红色，心叶黄化，变为黄绿色、黄色甚至褐色，不能伸展，生长点枯死。植株呈萎缩状态，茎弯曲，茎内侧有褐色木栓状龟裂。嫩叶从边缘和叶尖开始变为黄绿色或黄色，病健部分界不明显。果实表面有木栓状龟裂，尤其是在有些果实果肩部位呈现环形龟裂纹，这是缺硼的典型症状。

图6-7　番茄缺硼（叶片初期症状）（彩图见文前插页）

图 6-8　番茄缺硼（顶部新叶初期症状）
（彩图见文前插页）

图 6-9　番茄缺硼（果面出现木栓化褐斑，有龟裂）
（彩图见文前插页）

　　雨量丰富地区的河床地、石砾地、沙质土或红壤土，因长期淋洗作用使土壤中硼含量极低，番茄容易缺硼。在酸性的沙壤土上，一次施用过量的石灰肥料，易发生缺硼症状。pH值高的石灰质土壤，硼易被固定，有效性低，容易发生缺硼症状。土壤干燥，硼在土壤中的移动和作物的吸收均受阻，易发生缺硼症。土壤有机肥施用量少，导致土壤pH值高的田块也易缺硼。施用过多的钾肥、氮肥，会影响番茄对硼的吸收，易发生缺硼症。

防止土壤酸化，增施有机肥料，提前底施含硼的肥料。出现缺硼症状时，应及时叶面喷施0.1%～0.2%硼砂溶液，7～10天1次，连喷2～3次。

二、温光等环境条件不适

1. 低温寒害

幼苗遇低温，子叶上举，叶背向上反卷，叶缘受冻部位逐渐枯干或个别叶片萎蔫干枯；气温低于15℃会影响番茄生长，并造成落花落果；气温低于10℃会发生"花而不实"的寒害现象；长时间处于5℃以下便停止生长，植株萎缩；若气温在−1～3℃，植株将被冻死。若低温时间较长，则叶片褪绿发黄至黄白色干枯，或出现生长点受冻、根系生长受阻而发生沤根，或形成大量畸形花、果，或果实着色较差等。防御措施：①定植前按秧苗要求的适宜温度下限进行短时低温炼苗数次；②对温棚进行多层覆盖保温，如双层薄膜覆盖、覆盖纸被和草帘等；③外界气温较低时还可临时加温。

2. 高温热害

多发生于秋末冬初或早春连续晴暖天气。外界基础气温较高的中午前后，棚内温度超过 40℃时番茄停止生长，高达 45℃时，茎叶发生日灼现象，植株只开花不结果或大量落花落果等。防御措施：及时通风降温或适当放下部分草帘遮挡强烈阳光的照射，必要时棚面覆盖遮阳网或对棚面喷洒清水降温。

3. 弱光阴害

多发生于冬春连续阴雨雪天，自然光照缺乏。番茄生长期若光照不足，则生育缓慢，落花增多。如在弱光条件下温度又较高，则花粉量少，花粉发芽率降低，雌蕊的花柱发育不良，受精能力下降，未受精花会脱落，且易出现果腐病。防御措施：尽可能改善温棚内的光照条件，可适当加大行株距、挂置反光幕、采用无滴棚膜、适时揭盖草苫、进行立体栽培等，或采用人工补充光照。

三、常见生理性病害症状及防治

1. 日灼果

在阳光下，果皮温度过高易引起灼伤，使其暴露的一面变成淡褐色革质。番茄的果肩部易发生日灼，果实呈有光泽似透明革质状，后变白色或黄褐色斑块。有的出现褶皱，干缩变硬后凹陷，果肉变成褐色块状，当日灼部位受病菌侵染或寄生时，长出黑霉或发褐腐烂。叶上发生日灼，初期叶绿素褪色，后叶的一部分变成漂白状，最后变黄枯死或叶缘枯焦。不同品种类型间灼伤的程度有差异。防止日灼果最主要是避免果实受阳光的直射，可采用较好叶冠的品种，定植时把花序安排在畦的内侧，整枝、打顶时注意保护果实，高温季节注意土壤水分供应，有条件的可采用遮阳网保护。

日灼病发病原因：一是钙素在番茄水分代谢中起重要作用，土壤中钙质淋溶损失较大或施氮素过多，引起钙吸收障碍等生理因素；二是植株营养不良，发育不茂盛，中后期太阳直射到果实上或打尖时果实上留叶片太少，不能遮盖果实；三是当露地雨过天晴，或保护地内湿度过大（雨或雪后，以及昼夜温差大而结露），果实肩部着露，棚内高温聚光；四是果实膨大期土壤缺水、天气过度干热、雨后暴晴、土壤黏重、低洼积水等条件下易引起果实部分组织温度骤升而烫伤，一般向阳面的果实及叶片发生较重。

日灼病防治措施：

（1）增施有机营养和各种矿质营养元素肥料（如嘉美金利，每亩1~2袋），调节营养生长和生殖生长，增强土壤缓冲保水性。

（2）在绑蔓时应把果实隐蔽在叶片间，减弱阳光直射；摘心时，要在最顶层花序上面留2~3片叶子，以利覆盖果实来减少日灼的发生。

（3）深秋初冬或雨雪过后，注意排湿放风，防止结露聚光灼伤果面。

（4）使用遮阳网覆盖和不结露棚膜。

（5）增施钾肥、黄腐酸类肥料或喷洒含铜、锌的微量元素肥料，可提高抗热性，以增加抗日灼能力。

（6）结果盛期以后，根外施用含高钾高钙肥料 12～15
千克，每 10～15 天冲施 1 次，连用 2～3 次。

2. 果实冻伤

无论是采收前或收后贮藏期，如遇长时间低温（0～
10℃），可使果实冻伤，使果实未完全成熟就脱落，或
果实组织自行开裂，易腐烂。有时在收获时不表现症
状，但在贮藏几日后就表现出症状。防止办法是避开
低温。

3. 着色不良

果实的色素含量一般受温度、光照和土壤条件的影响
较大，较适宜温度为 20～26℃，温度过高过低都不利于茄
红素的合成，果实成熟呈黄褐色。

在果实膨大期间，若氮、钾不足，叶绿素分解成茄红
素的过程受到影响，则易形成黄色果。高温条件下，茄红
素含量下降。温度过低，果实内的分解酶活性低，形成着
色不良的黄色果实或果实带黄。高温期果实受到阳光直射
的部分黄色更强。

绿肩果的发生，除品种特性原因外，主要是由于夏季
高温、阳光直射，果实温度过高，抑制了果肩部茄红素的
形成而引起的。另外，施氮过多、缺钾、土壤干燥的情况
下也较易发生绿肩果。

为了提高果实的着色，应加强肥水管理，保证有充足
的肥水供应，增施磷、钾肥，合理密植与整枝。

4. 空洞果

果皮部与果实内部的发育不平衡，也就是说果实胚座发育不良与果壁间产生空腔。空间内果胶少，果胶物质不发达，几乎没有种子，肥大的果实异常轻和软，果实外观呈多棱形。这主要是由于授粉和胚珠受精不良，夜间温度低于13℃，白天温度高于30℃，或使用植物生长调节剂不当，以及结果期水肥不足引起。导致只有果壁发育而胚座发育不良形成无籽番茄。用生长素处理未成熟的花或开花坐果期间土壤过于干旱等，造成果实肥大而水分养分供应受阻，就会增加空洞果的发生。

预防措施：选择不易出现空洞果的品种。一般心皮数多的品种，空心果发生率较低。控制开花期、幼果期的昼夜温度，保持在15～28℃为宜。注意保证结果期的肥水供应，避免偏施氮肥，注意氮、磷、钾肥配合施用。用植物生长调节剂处理花朵时要正确掌握使用时期和适宜的浓度。蘸花时，要求花瓣已经伸长，呈喇叭口状，不可过小。配制 2,4-D 或防落素时，浓度要准确，不要重复蘸花。

5. 筋条果

果肉组织的维管束部位坏死变成黑筋条果或果肉维管束变白成为白筋条果，此病多发于温室、大棚保护地生产中。

黑筋条果发生是因光照弱，营养生长过旺，栽培密度大，整枝不当，氮肥施用量过多所致；白筋条果则是因为缺钾，吸收氨态氮肥过多所致。两种筋条果都是因果实发育中生理代谢不正常而形成。

预防措施：适量浇水，切忌大水漫灌。光照不足时，温度不宜太高，棚室内空气湿度不宜太大，相对湿度控制在 $60\% \sim 70\%$，白天注意通风良好。不要过多施用氮肥，特别是不要过多施氨态氮肥，适量增施钾肥和硼肥。合理密植，通过整枝、水肥及温度管理使生殖生长与营养生长平衡。

6. 网筋果

番茄网筋果又叫番茄网络果、番茄网纹果，在果实膨大期、成熟期症状明显。网筋果果皮下维管束呈网状，透过果皮，网状维管束清晰可见。到了收获期网纹仍不能消失。病果采收后会迅速软化，严重时果实内部呈现水浸状，切开时有部分胶状物流出。剥去外层果皮后，可见由黄色或白色网状维管束构成的网筋。味道变劣，保存时间短，商品性极差。即使果皮变红了，多数果胶还呈现绿色。

网筋果发生原因：初步认为是气、地温高，多肥（主要是氮肥），土壤过干或土壤黏重且水分过多所致。露地栽培时，进入 5 月份后，随温度升高，网筋果增加，高温期发生最多。据观察，网筋果的发生和土壤水分密切相关，番茄整个生长发育过程中，土壤水分由合理转为缺乏的过程中网筋果发生率相应提高。这是因为，番茄果实对水分要求高，成熟过程中土壤干旱，必将降低对磷、钾的吸收量，并影响其在植株体内的运转，使果实生理代谢紊乱，形成网筋果。另外，在地温较高、土壤氮素多、土壤黏重且水分过多时，土壤中肥料易于分解，植株对养分吸收急剧增加，果实迅速膨大，最易形成网筋果。此外，网筋果的形成还与施肥有关，除多肥外，极端缺肥也产生网筋果。同时，苗龄长、根系弱、长势弱的老化苗也容易结出网筋果。品种间也表现出很大的差异性，长势弱的品种易形成网筋果。

防治方法：

(1) 选用生长势强的品种 温室秋冬茬、大棚秋延后茬应选用 L402、毛粉 802、中杂 9 号、吉粉 3 号、东农 704 等品种，越冬及早春栽培宜选用斯洞丰田、毛粉 801、吉粉 2 号、L401、佳粉 15 号、佳粉 17 号等品种。同时要选用壮苗定植。

(2) 科学放风 棚室栽培时要及时放风，白天温度不要超过 30℃。

(3) 科学浇水 适时适量浇水，避免土壤长期干旱或土壤忽干忽湿。尤其在高温期和栽培后期，要保持适宜的土壤湿度。

(4) 预防早衰 有时，网筋果的出现与植株早衰、体内养分供应不足有关。此时应加强水肥管理，促进植株生长，预防早衰。应该增施有机肥，深耕土壤，扩大根系的吸收面积，防止脱肥，保持植株的生长势。

(5) 及时采收 由于网筋果不耐贮运，所以发现网筋果要及时采收，及时上市。

7. 小叶症

发病原因：引起番茄小叶症的原因很多，如蓟马为害、2,4-D 等激素点花浓度过高或某种杀虫剂喷施浓度过高等。但是，番茄小叶症大部分是由于在低温条件下，土壤比较干旱，存在于土壤内的锌元素释放受限制或不能释放而不被植株吸收所造成的。尤其是近几年来被大面积普遍推广栽培的"903""906"和"宝丰101"等新品种番茄，这些新品种番茄的生理特性喜锌，如不能满足锌元素供给时，就会出现缺锌症，表现为生长点叶片变小、矮缩、卷曲或呈鸡爪状。一旦气温回升、土温增高、锌元素逐步释放后，植株生长就会逐渐好转。

防治方法：

（1）在苗床期，对未现花蕾的秧苗，要提高棚温，做到日温保持在 20℃以上，晚上温度也要保持在 15℃左右。同时，对苗床土要做到不湿不燥，保持土壤湿润。如出现小叶症现象，立即喷施靓丰素（高锌型）1200～1500倍液。

（2）秧苗移栽到大棚并返青后要及时喷施靓丰素、靓果素或绿芬威等含锌的叶面营养液。其中，含锌 4% 的靓果素防效最好。一般要求 10 天喷 1 次，连喷 2 次，番茄就不会出现小叶症。

8. 畸形果

包括尖顶果、指形果、疤果、裂果、多心室果等畸形果。

(1) 尖顶果（桃形果） 果脐部突出，形状如桃。主要是由于使用植株生长调节剂浓度过高造成。如棚室栽培时，使用 2,4-D 或番茄灵保花保果时浓度过高，或处理花朵过早，或重复处理，或采用浸花处理均较易导致尖顶果。一般情况下 2,4-D 的浓度以 20～30 毫克/千克或番茄灵的浓度以 50 毫克/千克为宜，随气温升高浓度变稀。另外，适期处理，避免重复。

(2) 椭圆形果、偏心形果、菊形果、多心室果等畸形果 育苗期苗床温度太低，特别是花芽分化期（3 片真叶后）持续低温，又遇土壤过湿和氮肥过多，花芽的细胞分裂作用旺盛，较易形成畸形果。所以，控制适宜的育苗条件是防止畸形果的关键，苗期最低温度不能长时间低于 8℃，白天应保持在 18℃ 以上，同时控制苗床的氮肥用量和土壤湿度，防止营养生长过旺。

顶裂型或横裂型果实主要是由于花芽发育时不良条件抑制了钙素向花器的运转造成的。因为果实生长先是以纵向生长为主，以后逐渐横向膨大生长。所以，植株在营养不良条件下发育的果实往往是尖顶的畸形果。

畸形果的产生还与缺钙、硼有关，因此床土配置时肥料要均衡，要有充足的钙、硼元素，有机肥要充分腐熟，避免土壤中水分发生剧烈变化，地温要保持在 15℃ 以上。

9. 脐裂果（露籽病）

果实发育最初期，在果实部位的果皮无规则形裂开，胎座组织及种子外露。随着果实的膨大,脐裂部位也增大。脐裂果发生的原因主要是花芽分化期间温度过低(8℃以下),畸形花的花柱开裂所造成,但品种间差异很大。

发生原因:一是低温。在花芽分化和发育期,若连续5～6天遇到3～4℃的低温夜,极易产生畸形果。冬、春茬番茄的第1～2穗果易出现畸形果,多是由低温造成的。二是苗期拉长。若低温或干旱持续时间长,幼苗处在抑制生长条件下,花器官发育期拉长、易木栓化,后转入适宜条件下,木栓化组织不能适应迅速生长,极易形成裂果、疤果。三是施肥不合理。氮肥过多,会使花芽过度分化,心室数目增多,各心室发育不均衡形成多心室畸形果。四是使用激素不当。为防止落花落果,常采用 2,4-D 或番茄灵蘸花,如果浓度过高、重复蘸花,或蘸花时温度过高、土壤干旱等,容易产生畸形果。对未开放的花进行药剂蘸花,易产生空洞果。

防治措施:

(1)培育适龄壮苗 加强苗床管理,幼苗出土后要控制好温度,保持白天 20～25℃、夜间 13～17℃,保持苗床土壤湿润、水分适宜,60 天左右的苗为适龄壮苗。

(2)搞好疏花 因植株上的第 1～2 穗果的第一果易形成畸形果,故在蘸花前疏去,这样可大大减少畸形果的数量。

(3)要正确运用蘸花技术 要掌握以当天开放的花为蘸花的最佳时机,蘸花时间宜在上午 8～10 时,下午 15～

17时，并做到随开随蘸。为了避免重复蘸花，可在药液中加入少量的红颜料作标记。由于 2,4-D 不如番茄灵稳定，蘸花应尽量选用番茄灵。蘸花药液的浓度要严格按照使用说明书配制，并依据温度高低灵活掌握，温度高时，浓度小些，温度低时，浓度大些。当温室内气温低于 15℃ 时，每升清水加入原药 15 毫克；当室内气温在 15℃ 以上时，每升清水加入原药 10 毫克。药液摇晃均匀后即可使用。

(4) 加强水肥管理，做到合理施肥浇水　施肥要做到氮、磷、钾、微量元素配合使用。最好采用配方施肥，切忌偏施氮肥。同时要根据植株长势、长相、天气等情况和番茄的需水量进行合理浇水，切忌土壤忽干忽湿。

(5) 合理调控植株生长　植株出现徒长时，切勿采用急剧降温、干旱"控苗"，或滥用植物生长剂等措施进行控制，应通过适度通风降温和适当控制湿度等办法来调节。此外，选用耐低温、抗旱涝、抗逆性强的良种，也是防止畸形果的经济有效措施。

10. 脐腐病

(1) 症状　该病一般发生在果实长至核桃大时。最初表现为脐部出现水浸状暗绿色或深灰色病斑，后逐渐扩大，致使果实顶部凹陷、变褐（图 6-10）。病斑直径通常 1～2 厘米，有时有同心轮纹，严重时扩展到小半个果实。果皮和果肉柔韧，一般不腐烂。在干燥时病部为革质，遇到潮湿条件，表面生出各种霉层，常为白色、粉红色及黑色。这些霉层均为腐生真菌，而不是该病的病原。该病多发生在第1、2穗果实上，同一个花序上的果实几乎同时发病；这些果实往往长不大，发硬，提早变红。

图 6-10　脐腐病（彩图见文前插页）

（2）病因　该病属于一种生理病害。一般认为是由于缺钙引起，干旱、盐浓度过高，以及植株根部受病虫为害或水分过多等，均影响植株从土壤中吸取钙素，加之钙移动性较差，果实不能及时得到补充。当果实含钙量低于0.2％时，致使脐部细胞生理紊乱，失去控制水分能力而发生坏死，并形成脐腐。在多数情况下土壤中不缺乏钙元素，主要是土壤中氮肥等化学肥料使用过多，钙素吸收受到影响。

此外也有人认为此病是因生长期间水分供应不足或不稳定引起的，即在花期至坐果期遇到干旱，番茄叶片蒸腾消耗增大，果实特别是果脐部所需的大量水分被叶片夺走，导致其生长发育受阻，形成脐腐。

(3) 预防措施 选用抗病品种。果皮光滑、果实较尖的番茄品种较抗病，在易发生脐腐病的地区可选用。

① 科学均衡施肥，除施足腐熟的有机肥做底肥外，还要用一定量的过磷酸钙，以防土壤缺钙。

② 深耕土地，采用地膜覆盖栽培，保持土壤水分相对稳定，减少土壤中钙的流失。

③ 适时浇水，尤其是结果期注意水分的均衡供应，严防忽干忽湿。开花结果期如遇高温干旱要及时浇水，雨季注意雨后排水，确保根系的正常功能。

④ 生长前期要稳施氮肥，避免营养生长过旺。在坐果期可叶面喷洒1％的过磷酸钙浸出液或1％的氯化钙液，每10天左右喷1次，或用美林高效钙或其他钙制品喷洒幼果，间隔5~7天喷1次，每穗果连喷2~3次。另外，在幼果期要及时摘除脐腐果，以减少植株体内的养分消耗，保证健果生长。

11. 裂果

番茄裂果多发生在果实成熟期，是一种常见的生理病害。果实出现裂果后不耐贮运，商品性降低，还易感染杂菌，造成烂果。番茄裂果大致可分为放射状裂果、环状裂果和条状裂果3种类型。放射状裂果的果实表面以果蒂为中心向外扩展呈放射状裂缝；环状裂果的果实表面以果蒂为中心呈环状裂缝；条状裂果的果实表面横向或纵向有一条封闭环式的裂缝。

发生原因：发生裂果的主要原因是高温、强光、干旱、暴雨及土壤水分的急剧变化，造成水分失调。高温、强光、干旱时，果柄附近的果面产生木栓层，而果实内部细胞中糖分浓度升高，膨压升高，细胞吸水能力增强，这时如灌水或降雨过多，果实内部细胞大量吸水膨大，就会将木栓化的果皮胀破开裂。

不同品种类型间裂果差异较大，一般薄皮品种比厚皮品种严重，大果型品种比小果型品种严重。另外，土壤中缺钙和硼或根系吸收受阻，导致果皮老化，易诱发裂果。

预防措施：首先选择抗裂果品种；其次合理浇水，避免干旱后遇雨造成土壤中水分的急剧变化；再次是要加强栽培管理。定植前深耕土壤，施足有机肥，实行配方平衡施肥；定植后中耕蹲苗，让根系充分生长，形成强健的根群，较好地吸收养分和水分；合理密植；整枝摘心时注意果穗上方留2～3片叶，让果穗隐藏在枝叶之间，避免阳光直射引起裂果；注意适量补施钙、硼元素。另外，在结果期，叶面喷洒化学物质与生长调节剂，可减轻裂果发生的程度。

12. 筋腐病

（1）**症状**　筋腐病又叫条腐病、条斑病，是温室番茄发生比较普遍且严重的一种生理病害。发病植株的茎、叶片没有明显症状。主要症状是番茄果实着色不均匀，果实表面局部出现褐变或青皮，个别果实呈茶褐色变硬或出现坏死斑，内部发黑发硬，有绿有红，果肉呈"糠心"状，果肉维管束组织呈黑褐色或褐色，就像"花皮果"。果实皮绿色时看不出来，等果实皮色开始转红时就会出现这种"花皮果"或褐化。除轻微发病的果实外，均无商品价值。番茄筋腐病的发病时期，由于栽培方式的不同而有所差别。越冬栽培的番茄多在第二、第三穗果大量发生，冬春栽培的番茄多在第一、第二穗果大量发生。病果在转红期暴露病症。

（2）**发病原因**

① 褐色筋腐病多发生在低温弱光之下，植株茂密通气不良更利于本病发生。越冬栽培一定要密度合理，同时要合理整枝，改善株间透光性。

② 土壤水分过大，土壤氧气供应不足时，有利于本病发生。

③ 施肥量过大，特别是氨态氮施用过多，钾肥不足或钾的吸收受阻时，本病发生严重。

④ 施用未经充分腐熟的农家肥、密植、小苗定植、强摘心都可能诱发本病。

⑤ 白变型筋腐病和烟草花叶病感染有关。应选用抗病毒病的品种。

(3) 防治措施

① 选用不易发病的品种。可选迪丽雅、欧缇丽、萨顿、粉迪等抗病品种。目前生产上果皮薄的中形果、植株叶片不太大的品种较抗病，皮厚的品种易感病。

② 避免多年连作，应实行轮作制，以缓和土壤养分的失衡。

③ 加强温光管理和湿度调控。合理密植，适时整枝，改善通风透光条件，增加光照；防止棚内温度过高或过低，土壤过干或过湿；在早春和晚秋注意保温，防止温度过低，夏季防止高温徒长；浇水时防止大水漫灌，最好采用膜下渗灌或滴灌；防止湿度过大、土壤板结，造成不良土壤环境。

④ 平衡施肥。保护地番茄施肥要轻氮少磷重钾补钙镁。不要过多地施用氮肥，在番茄盛果期要增施磷钾肥，多施充分腐熟的有机肥，增强植株抗性。钾、硼等元素及早及时补充（不建议单独使用含钾、含硼的肥料，因为会造成钾元素流失、硼元素固定及土壤的酸化，可以使用含有腐殖酸类套餐肥料，活化土壤，促进养分吸收）。大棚内还需增施二氧化碳气肥，以满足光合作用的需要。

⑤ 在番茄生长的前、中期注意防治蚜虫和粉虱，防止番茄病毒病的产生，减少筋腐果的发生。

第二节　番茄的主要病虫害种类及防治原则

一、番茄主要病虫害

番茄的主要病害有早疫病、晚疫病、灰霉病、叶霉病、枯萎病、白粉病等真菌性病害，茎基腐病、青枯病、溃疡病等细菌性病害，以及病毒病、根结线虫病等。

番茄的主要虫害有蚜虫、白粉虱、斑潜蝇、茶黄螨、棉铃虫、菜青虫等。

二、番茄病虫害的防治原则

对于番茄病虫害的防治，应按照"预防为主，综合防治"的植保方针，坚持以"农业防治、物理防治、生物防治为主，化学防治为辅"的无害化控制原则。实践中要以整个菜田生态系统为中心，净化菜园环境，并围绕番茄的生长发育规律，摸索控害栽培条件下主要病虫发生及防治的特殊性，探讨以生态调控为基础的多层次预防措施和多种生态调控手段。在加强选择优质抗病品种、实行轮作、深耕烤土、施腐熟粪肥等农业防治措施的前提下，根据田间病虫发生动态和危害程度，以物理防治和生物防治为主，化学防治为辅，科学合理地选用高效、低毒、低残留及对天敌杀伤力小的化学农药，并合理控制农药的安全间隔期，结合番茄生产过程中的各个环节进行有的放矢地综合防治。既要经济有效地把病虫危害和损失控制在最低水平，又要使生产的番茄产品不含或少含危害人体健康的有害物质，保证其食用安全性。

三、番茄病虫害综合防治措施

1. 农业防治

就是采取农业技术综合措施，通过调整和改善作物的生长环境，以增强作物对病、虫、草害的抵抗力，创造不利于病原物、害虫和杂草生长发育或传播的条件，以控制、避免或减轻病、虫、草的危害。

农业防治的主要措施有：针对当地主要病虫害控制对象，选用高抗多抗的品种；加强检疫和种子消毒，可采用 $50\sim52℃$ 温汤浸种 15 分钟；培育壮苗，提高抗逆性；要实行严格的轮作制度，与非茄科作物轮作 3 年以上，有条件的地区应实行水旱轮作；深沟高畦，覆盖地膜；采用膜下滴灌或渗灌，避免喷灌和大水漫灌；测土平衡施肥，增加充分腐熟的有机肥，少施化肥，防止土壤富营养化；及时清除田间病残体及杂草，上茬作物收获后，及时清洁田园。通过这些手段，可以大大减少病虫害的发生。

另外，在生产操作过程中，要尽量减少机械伤口。因为多数病菌都可以从伤口侵入，伤流液为病菌的发生和繁殖提供了充足的营养，为其侵入和繁殖提供有利条件。在番茄栽培中，移栽、抹芽和打杈等均易造成机械损伤，须注意这些操作环节。移栽时要求带土，轻拿轻放，尽量减少伤根。抹芽、打杈要选择晴天、温度较高、湿度较低时进行，此时伤口能及时愈合，可减少细菌侵入和病害发生；避免阴雨高湿天气和露水未干之前抹芽、打杈。另外，在抹芽、打杈或采收后，及时喷施保护性药剂预防。及时消灭虫害，减少虫咬伤。

2. 物理防治

就是利用各种物理因素及机械设备或工具防治病虫害。这种方法具有简单方便、经济有效、毒副作用少的优点。近代物理学的发展及其在植保应用上毒副作用少、无残留的突出优点，开辟了物理机械防治法在无公害蔬菜生产上的广阔前景。其常见措施包括以下几种：

(1) 设施防护 如夏季覆盖塑料薄膜、防虫网和遮阳网，进行避雨、遮阳、防虫栽培，可减轻病虫害的发生。夏季覆盖遮阳网，具有遮阳、降温、防雨、防虫、增产、提高品质等多种作用。覆盖银灰色遮阳网还有驱避蚜虫的作用。遮阳网可以在温室和大中小棚上应用，也可搭平棚覆盖。防虫网除了具有一般遮阳网的作用外，还能很好地阻止害虫迁入棚室，起到防虫、防病的效果。可以实现无药或少药生产。

（2）**人工清除田间中心病株和病叶**　当田间出现中心病株、病叶时，应立即拔除或摘除，防止传染其他健康植株，这在设施栽培条件下更为重要。也可用药喷施中心病株及其周围的植株，对病害进行封锁控制，避免整个棚室内用药，以免空气湿度过大，又给病虫害的发生创造有利条件。

（3）**人工捕杀**　当害虫个体较大、群体较小、发生面积不大、劳力允许时，进行人工捕杀效果较好，既可以消灭虫害、减少用药，还不污染蔬菜产品。

（4）**诱杀与驱避**　昆虫对外界刺激（如光线、颜色、气味、温度、射线、超声波等）会表现出一定的趋性或避性反应，利用这一特点可以进行诱杀，减少虫源或驱避害虫。①诱杀，包括灯光诱杀、潜所诱杀、食饵诱杀、色板诱杀四种。灯光诱杀是利用害虫趋光性进行诱杀的一种方法，用于光诱杀害虫的灯包括黑光灯、高压汞灯、双波灯等。潜所诱杀：有些害虫有选择特定条件潜伏的习性。利用这一习性，人们可以进行有针对性的诱杀，如棉铃虫、黏虫的成虫有在杨树枝上潜伏的习性，可以在一定面积上放置一些杨树枝把，诱其潜伏，集中捕杀。食饵诱杀：用害虫特别喜欢食用的材料做成诱饵，引其集中取食而消灭之。如利用糖浆、醋诱蛾；臭猪肉和臭鱼诱集蝇类；马粪、麦麸诱集蝼蛄等。色板诱杀：在棚室内放置一些涂上黏液或蜜液的黄板诱蚜，使蚜虫、粉虱类害虫粘到黄板上，或用蓝板诱杀瓜蓟马等，起到防治的作用。放置的密度因虫害的种类、密度、黄色板的面积而定。一般在每

30～80平方米放置一块。②驱避。在棚室上覆盖银灰色遮阳网或田间挂一些银灰色的条状农膜，或覆盖银灰地膜能有效驱避蚜虫。

（5）高温消毒

① 种子高温消毒。有些病虫害是通过种子传播的。在播种前高温处理种子可有效地杀死种子所带的病原菌和虫卵，切断种子带毒这条传播途径。具体方法是将种子充分干燥后，用温汤浸种。在温汤浸种的过程中要不断搅动，防止局部受热、烫伤种胚，浸种时间一般在10～15分钟就可以有效地杀死种子所带的病菌和病毒。如55～60℃10分钟可以杀死真菌，60～65℃10分钟可以杀死细菌，而65～70℃10分钟可以杀死病毒。

② 土壤高温消毒。土壤高温消毒是克服连作障碍最行之有效的方法之一。它可以杀死土壤中有害的生物，既可灭菌、解决土壤带菌的问题，也可以消灭虫卵和线虫、蛴螬等地下害虫。大多数土壤病原菌在60℃消毒30分钟即可杀死，但烟草花叶病毒（TWV）、黄瓜花叶病毒（TMV）等病毒则需要90℃蒸汽消毒10分钟。多数杂草的种子则需要80℃左右消毒10分钟才能杀死。但需注意的是，高温消毒在消灭有害生物的同时，如掌握不当也会影响有益微生物，如氨化细菌、硝化细菌等，这样会造成作物的生育障碍。因此，一定要掌握好消毒的温度和消毒的时间。

高温消毒有蒸汽消毒和高温闷棚两种。①蒸汽消毒。在土壤消毒之前，需将待消毒的土壤疏松好，用帆布或耐高温的塑料薄膜覆盖在待消毒的土壤上面，四周要密封，并将高温蒸汽输送管放置在覆盖物下，每次消毒的面积与消毒机锅炉的大小或能力有关。要达到较好的消毒效果，每平方米土壤每小时需要 50 千克的高温蒸汽。具体消毒方法和高温蒸汽的用量要根据土壤消毒深度、土壤类型、天气状况、土壤的基础温度等而定。②夏季高温闷棚消毒。在盛夏，待作物收获后，浇透水，扣严大棚，利用太阳能提高棚室温度，消毒处理 1 周。

(6) 臭氧防治　利用臭氧发生器防治病虫害。

(7) 农业工程改土　当土壤污染严重时，可根据土壤的性质、污染程度、污染特点，通过农业工程改土克服连作障碍，进而达到防病的目的。如生产应用的换土（即客土法）、去除污染表层（即排土法）、深耕翻转污染土层等几种方法，都取得良好的效果，特别是防治重金属污染效果更好。

3. 生物防治

生物防治是指利用有益生物或其他生物来抑制或消灭有害生物的一种防治方法。它的最大优点是不污染环境，是农药等非生物防治病虫害方法所不能比的。生物防治大致可以分为利用生物天敌治虫、微生物及其产物防治和植物源农药防治三大类。

(1) 利用天敌治虫技术　利用自然界有益昆虫和人工释放的昆虫等来控制害虫的危害，包括寄生性天敌，如寄生蜂（最常用的如赤眼蜂）、寄生蝇、线虫、原生动物、微孢子虫等；捕食性天敌，有瓢虫、草蛉、食蚜蝇、猎蝽、螳螂、蚂蚁、蜘蛛、螨类等。利用赤眼蜂可防治菜青虫、小菜蛾、斜纹夜蛾、菜螟、棉铃虫等鳞翅目害虫；利用草蛉可捕食蚜虫、粉虱、叶螨以及多种鳞翅目害虫卵和初孵幼虫；利用小茧蜂可防治蚜虫；利用丽蚜小蜂可防治螨类。

(2) 以菌治虫技术 它是利用昆虫的病原微生物杀死害虫。这类微生物包括细菌、真菌、病毒、原生物等，对人畜均无影响，使用时比较安全，无残留毒性，害虫对细菌也无法产生耐药性，如苏云金杆菌、白僵菌、绿僵菌、颗粒体病毒、核型多角体病毒等。苏云金杆菌能在害虫新陈代谢过程中产生一种毒素，使害虫食入后发生肠道麻痹，引起四肢瘫痪，停止进食，对防治玉米螟、棉铃虫、烟青虫、菜青虫均有显著的效果，成为当今世界微生物杀虫剂的首要品种。苏云金杆菌（Bt）、白僵菌、绿僵菌都可防治小菜蛾、菜青虫等鳞翅目害虫；昆虫病毒如甜菜夜蛾核型多角体病毒可防治甜菜夜蛾，棉铃虫核型多角体病毒可防治棉铃虫和烟青虫，小菜蛾和菜青虫颗粒病毒可分别防治小菜蛾和菜青虫。有的细菌进入害虫血腔后，大量繁殖，引起害虫发生败血症而死亡。

(3) 以菌治菌技术 主要是利用微生物在代谢中产生的抗生素来消灭病菌；有赤霉素、春雷霉素、阿维菌素、多抗霉素、农用链霉素、新植霉素等生物抗生素农药已广泛应用。农抗120和多抗霉素可防治猝倒病、霜霉病、白粉病、灰霉病、枯萎病、黑斑病和疫病，井冈霉素可防治立枯病、白绢病、纹枯病等，庆大霉素、小诺霉素可防治软腐病、溃疡病、青枯病和细菌斑点病等细菌性病害，庆丰霉素可防治软腐病和细菌斑点病，庆丰霉素、武夷霉素、多抗霉素及新植霉素等农用抗生素可防治多种病害。

（4）**性信息素治虫技术**　用同类昆虫的雌性激素来诱杀害虫的雄虫，有玉米螟性诱剂、小菜蛾性诱剂、李小食心虫性诱剂等。

（5）**转基因抗虫抗病技术**　是国际、国内最流行的生物科学技术，已成功地培养出抗虫水稻、棉花、玉米、马铃薯等作物新品种，但本身还面临许多问题，有对人类的安全性、抗基因的漂移、次要害虫上升为主要害虫等方面的问题没有解决。

（6）**不育昆虫防治**　搜集或培养大量有害昆虫，用γ射线或化学不育剂使它们成为不育个体，再把它们释放出去与野生害虫交配，使其后代失去繁殖能力。遗传防治是通过改变有害昆虫的基因成分，使它们后代的活力降低、生殖力减弱或出现遗传不育。此外，利用一些生物激素或其他代谢产物，使某些有害昆虫失去繁殖能力，也是生物防治的有效措施。

（7）**以菌治草**　利用病原微生物防治杂草的技术，如我国用鲁保一号防治大豆菟丝子，美国利用炭疽菌防治水田杂草，效果都很好。

（8）**植物性杀虫、杀菌技术**　植物源农药如印楝素、藜芦碱醇溶液可减轻小菜蛾、甜菜夜蛾、烟粉虱为害；苦参碱、苦楝、烟碱等对多种辣（甜）椒害虫有一定的防治作用。①光活化素类是利用一些植物次生物质在光照下发生反应对害虫、病菌起毒效作用的物质，用它们制成光活化农药，这是一类新型的无公害农药。②印楝素是一类高度氧化的柠檬酸，是世界公认的理想的杀虫植物，对400余种昆虫具有拒食绝育等作用，我国已研制出0.3%印楝素乳油杀虫剂。③精油就是植物组织中的水蒸气蒸馏成分，具有植物的特征气味、较高的折射率等特性，对昆虫具有引诱、杀卵、影响昆虫生长发育等作用。也是一种新型的无公害生物农药。

(9) 生化农药 以昆虫生长调节剂产品为主，随着国外新品种的引进和推广，国内有关科研单位和企业也相继研究开发了一些生化农药新品种，如灭霜素、菌毒杀星、氟幼灵、杀铃脲等。

4. 化学防治

化学防治是使用化学药剂（杀虫剂、杀菌剂、杀螨剂、杀鼠剂等）来防治病虫、杂草和鼠类的危害。一般采用浸种、拌种、毒饵、喷粉、喷雾和熏蒸等方法。其优点是收效迅速、方法简便、急救性强，且不受地域性和季节性限制。化学防治在病虫害综合防治中占有重要地位。但长期使用性质稳定的化学农药，不仅会增强某些病虫害的耐药性，降低防治效果，并且会污染农产品、空气、土壤和水域，危及人、畜健康、安全和生态环境。因此，在整个番茄病虫害防治过程中，原则上化学防治应该为辅。而且采用化学防治的时候还应考虑所使用药剂的类型和剂量，并且严格控制农药用量和安全间隔期，因为过量或操作不当就会导致农药在果实中残留增多，生产出的番茄产品就不符合无公害番茄产品的要求。

四、真菌性病害和细菌性病害之间的区别

在农作物侵染性病害中，主要有真菌性病害和细菌性病害两种，其中真菌性病害约占80％。由于真菌性病害和细菌性病害的病原不同，其防治方法和药剂使用也截然不同。正确诊断和区别两种病害，是防治这两种病害的关键。真菌性病害与细菌性病害从病状上很难区分，它们都有坏死、腐烂、萎蔫、畸形等相似病状。只有从被害作物病部所表现的不同病征来加以区分。真菌性病害在被害作物病部可以看到明显的霉状物、粉状物、粒状物等，颜色有白、黑、红、灰、褐色等。病征实际是真菌子实体的形态结构，是区分真菌性病害的重要标志；细菌性病害叶片病斑无霉状物或粉状物，其特点是在湿度大时可在病部出现大小不同的黄色或白色滴状菌脓，为害部位腐烂出现黏液，并发出臭味。有臭味为细菌性病害的重要特征，另外还有果实溃疡或疮痂，果面有小突起，根部青枯，根尖端维管束变成褐色等特征。

1. 真菌性病害危害症状

（1）坏死　坏死在叶片上的表现有叶斑和叶枯两种。叶斑根据其形状的不同，有圆斑、角斑、条斑、轮纹斑

等。叶枯指叶片上较大面积的枯死，枯死的轮廓不一定明显。茎部的坏死也能形成病斑或茎枯，在枝干上形成疮痂和溃疡，根部的坏死形成根腐。

(2) 腐烂　腐烂是植物组织大面积被分解和破坏，根、茎、花、果均可发生腐烂，幼嫩和多肉的组织更容易发生。腐烂分为：软腐，如大白菜软腐病；湿腐，如黄瓜疫病。还可根据腐烂的部位分：根腐，如菜豆等的根腐病；基腐，如番茄茎基腐病；果腐，如黄瓜灰霉病；花腐，如番茄花腐病等。

(3) 萎蔫　萎蔫是植物的维管束病害，如茄果类蔬菜的青枯病、枯萎病、黄萎病。这三种病害的维管束（即茎基部）横切可见变为黑褐色。青枯病茎横切可见白色菌脓溢出是它区别于黄萎病和枯萎病的症状。

(4) 粉状物　白粉，如黄瓜、番茄白粉病；锈粉，如菜豆锈病等；黑粉，如洋葱黑粉病等。

(5) 霉状物　霉是真菌病害常见的症状，可分为霜霉、黑霉、灰霉、青霉、绿霉等，如霜霉病、灰霉病、紫斑病和黑斑病等。

(6) 粒状物　在病部产生大小、形状、色泽、排列等各种不同的粒状物。有的粒状物小，不易组织分离，包括分生孢子等，如蚕豆褐斑病。有的粒状物较大，如蚕豆白粉病等。

(7) 绵状物　多呈棉絮状，如茄棉疫病、番茄疫病等。

2. 番茄细菌性病害为害症状

细菌性维管束病害的共同特征为：叶片萎蔫，后期病茎外表皮粗糙、常有气生根产生，横切病茎可见维管束变褐，挤压横断面有污白色菌脓溢出，最终植株枯萎。但不同病害发生期、为害部位和症状特点有差异。

五、在喷药时应注意的几个问题

1. 注意科学合理用药，延缓耐药性产生

(1) 避免长期单一用药，选择新品种农药 单一用药容易产生耐药性，防效低，新品种能减少用药次数，降低生产成本，显著提高防治效果，减缓耐药性的产生。

(2) 掌握适宜的用药量和药液浓度 一般情况下，药剂浓度越高药效越好，但过高的施药浓度造成药剂残留容易产生药害，而且增加病菌的耐药性。

(3) 控制施药次数，掌握合理的间隔期 施药次数过多过滥、间隔时期过短是防治病害的一大问题。一般化学药剂的有效期是 7～10 天，所以每次间隔时间以 7～10 天为宜。大棚番茄每月施药次数为 2～3 次，不超过 4 次。

2. 注意掌握好防病的关键时期，做到及早预防

(1) 第一个关键时期是苗期 育苗期间幼苗小、抗逆性弱，易受病菌感染，应喷施 1 次保护性杀菌剂，如百菌清、代森锰锌，确保幼苗不受侵染。

(2) 第二个关键时期在定植缓苗后 缓苗后植株生长

速度加快，早疫病容易发生，应进行 1 次保护性喷药，使植株周围形成保护膜，防止病菌侵染。

(3) 第三个关键时期在幼果期　开花结果后由营养生长转向生殖生长和营养生长并进时期，叶片营养较差，易感病，应及时喷药防治。

(4) 第四个关键时期在采收盛期　采收盛期，植株吸收的一大半营养被果实带走，植株抗病性明显减弱，同时浇水次数增加，棚内湿度大，易发病。因此浇水前要先喷药预防，同时还要进行田间检查，发现中心病株立即用药。

3. 注意提高喷药技术，保证用药质量

(1) 喷药要全面　喷药时应做到不漏喷、不重喷、不漏行、不漏棵。从植株底部叶片往上喷，正反面都要喷均匀。

(2) 喷药时要抓住重点　中心病株周围的易感部位要重点喷，植株中上部叶片易感部位要重点喷。

(3) 确定好喷药时间　一般情况下光照强、温度高、湿度大时番茄的蒸腾作用、呼吸作用、光合作用较强，茎叶表面气孔张开，有利于药剂进入，另外湿度大叶表面药液干燥速度慢，药剂易吸收而增强药效。但是光照过强、温度过高易引起药剂光解或药害。因此中午前后不宜喷药，实践中把握最佳施药时间是晴天上午温度 20～25℃、湿度 70%～75% 时喷药效果最好。

第三节　番茄主要病害症状及防治方法

一、番茄猝倒病

番茄猝倒病为番茄幼苗期常见的病害，育苗期间低温、多雨的年份发病严重，发病严重时常造成秧苗成片死亡。

1. 症状

幼苗出土后受害，靠近地面处茎部染病。开始是暗绿色水渍状病斑，接着变黄褐色并干瘪缢缩，植株倒伏，但茎叶仍为绿色。湿度大时，病部及地面可见白色棉絮状霉。开始时仅个别植株发病，但蔓延迅速，几天后扩及邻近秧苗，引起成片倒伏。

2. 病原菌及发病条件

猝倒病是由鞭毛菌亚门、腐霉属真菌侵染所致。病菌以卵孢子在土壤中越冬，条件适宜时，萌发产生游动孢子或直接侵入寄主。病菌腐生性很强，可在土壤中的病残体或腐殖质中以菌丝体长期存活。病菌借雨水、灌溉水、带菌粪肥、农具、种子传播。幼苗多在床温较低时发病，土温15～16℃时病菌繁殖速度很快。苗床土壤高湿极易诱发此病，浇水后积水窝或棚顶滴水处，往往最先形成发病中心。光照不足，幼苗长势弱、纤细、徒长、抗病力下降，也易发病。幼苗子叶中养分快耗尽而新根尚未扎实之前，幼苗营养供应紧张，抗病力最弱。如果此时遇寒流或连续低温阴雨（雪）天气，苗床保温不好，幼苗光合作用弱，呼吸作用增强，消耗加大，病菌乘虚而入，就会突发此病。幼苗发病后，病部不断产生孢子囊，借灌溉水向四周重复侵染，使病害不断蔓延。

3. 防治措施

猝倒病防治应着重搞好土壤消毒和种子消毒，加强苗床管理，改善生态环境，抑制发病。

(1) 床土消毒 每平方米苗床用50％拌种双可湿性粉剂，或50％多菌灵可湿性粉剂，或25％甲霜灵可湿性粉剂，或50％福美双可湿性粉剂8～10克，拌入10～15千克干细土配成药土，施药时先浇透底水，水渗下后，取1/3药土垫底，播种后用剩下的2/3药土覆盖在种子表面，这样"下铺上盖"，种子夹在药土中间，防效明显。在出苗前要保持苗床上层湿润，以免发生药害。

(2) 种子消毒 采用温汤浸种或药剂浸种的方法对种子进行消毒处理，浸种后催芽，催芽不宜过长，以免降低种子发芽能力。用种子重量0.3％的72％霜脲锰锌可湿性粉剂或69％安克锰锌可湿性粉剂拌种。

(3) 加强管理 应选择地势较高、地下水位低、排水良好、土质肥沃的地块做苗床。苗床要整平。肥料要充分腐熟，并撒施均匀。苗床内温度应控制在20～30℃，地温保持在16℃以上，注意提高地温，降低土壤湿度，防止出现10℃以下的低温和高湿环境。出苗后尽量不浇水，必须浇水时一定选择晴天喷洒，切忌大水漫灌。适量放风，增强光照，促进幼苗健壮生长。

（4）药剂防治　发现病苗立即拔除，并喷洒 25％甲霜灵可湿性粉剂 800 倍液，或 64％杀毒矾可湿性粉剂 500 倍液，或 75％百菌清可湿性粉剂 600 倍液，或 40％乙膦铝可湿性粉剂 200 倍液，或 70％安泰生（丙森锌）可湿性粉剂 500 倍液，或 69％安克锰锌 1000 倍液，或 72.2％普力克水剂 400 倍液，或 70％代森锰锌可湿性粉剂 500 倍液，或 15％恶霉灵（又名土菌消、土壤散）水剂 1000 倍液等药剂，每平方米苗床用配好的药液 2～3 升，每 7～10 天喷 1 次，连续 2～3 次。

二、番茄立枯病

立枯病也是番茄幼苗常见的病害之一，刚出土幼苗及大苗均可发病，但多发生于育苗的中后期。

1. 症状

幼苗从刚出土至移栽前均可发病。幼苗受害后，先在茎基部产生暗褐色病斑（图 6-11），苗子白天萎蔫，初期早晨尚可恢复，严重时，病斑扩展至整个幼苗基部，病部缢缩，茎叶萎蔫枯死，但病苗仍直立不倒伏。潮湿时，茎基部发生淡褐色蛛丝状霉。大苗或成株受害，使茎基部呈溃疡状，在湿度大时，病部产生淡褐色稀疏丝状体。地上部变黄、衰弱、萎蔫，以至死亡。病菌借雨水、灌溉及农事活动传播。空气湿度和土壤含水量高时，利于病害发生；光照不足、密度过大、幼苗衰弱易感此病。

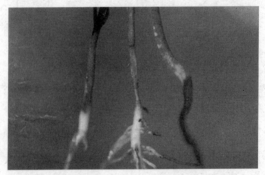

图 6-11　番茄立枯病（彩图见文前插页）

2. 病原及发病条件

番茄立枯病是由半知菌亚门丝核菌属真菌侵染所致。病菌以菌丝体或菌核在土壤中或病残体中越冬，病菌腐生性较强，可存活 2～3 年。其适宜生长温度为 17～28℃，12℃以下、30℃以上生长受抑制。病菌借雨水、灌溉及农事活动传播。空气湿度和土壤含水量高时，利于病害发生；光照不足，密度过大，幼苗衰弱易感此病。

3. 防治方法

（1）加强番茄苗床管理，并注意提高地温，科学放风，防止苗床或育苗盘高温高湿条件出现。

（2）在番茄苗期喷施 0.1％～0.2％的磷酸二氢钾或 0.05％～0.1％氯化钙等，以提高番茄苗的抗病力。

（3）在发病前或发病初期喷淋 30％的甲霜·噁霉灵水剂 0.3～0.6 克/平方米、54.5％的噁霉·福美双可湿性粉剂 2～2.5 克/平方米，或 95％的硫黄·敌磺钠可溶性粉剂 175～350 克/亩，隔 7～10 天防治 1 次，视病情防治 1～2 次。

三、番茄早疫病

1. 病症

番茄早疫病又称轮纹病、夏疫病，全国各地均有发生。番茄早疫病可以为害叶、茎、花、果实。发病多从植株下部叶片开始，逐渐向上发展。叶片受害初期出现针尖大小的黑褐色圆形斑点，逐渐扩大成圆形或不规则形病斑，具有明显的同心轮纹，病斑周围有黄绿色晕圈，严重时，多个病斑连合成不规则形大斑，潮湿时病斑上生有黑色霉层。茎及叶柄上病斑为椭圆形或梭形，多产生于分枝处及叶柄基部，黑褐色，凹陷，有时龟裂，严重时造成断枝。果实多在绿熟期之前（青果）受害，多在花萼或脐部（后期在果柄处）形成黑褐色近圆形凹陷病斑，有同心轮纹，斑面会有黑色霉层，病果容易开裂，提早变红。产量损失严重。症状见图 6-12。

图 6-12　早疫病（彩图见文前插页）

2. 病原、传播途径及发病条件

此病由半知菌亚门茄链格孢属真菌侵染所致，病原以菌丝或分生孢子在病残体上或种子上越冬，可通过气流、灌溉水及农事操作进行传播，从气孔、伤口表皮直接侵入发病。一般在高温高湿条件下发病重，湿度80%以上、温度20～25℃最易发病。连作、栽种密度过大、基肥不足、灌水多或低洼积水、结果过多、植株生长衰弱等，都有利于病害暴发流行。春季保护地栽培，番茄定植后，昼夜温差大，叶面有水膜，有利于病害发生。

3. 防治方法

（1）实行轮作、深翻改土，结合深翻，增施有机肥料、磷钾肥和微肥，适量施用氮肥，改善土壤结构，提高保肥保水性能，促进根系发达，植株健壮。

（2）栽植前实行火烧土壤、高温闷室，铲除室内残留病菌，栽植以后，严格实行封闭管理，防止外来病菌侵入和互相传播病害。

（3）选用抗病品种毛粉 802、L402、佳粉 15 等；种子严格消毒，培育无菌壮苗；定植前 7 天和当天，分别细致喷洒两次杀菌保护剂，做到净苗入室，减少病害发生。

（4）增施二氧化碳气肥，搞好肥水管理，调控好植株营养生长与生殖生长的关系，促进植株健壮长势，提高营养水平，增强抗病能力。

（5）全面覆盖地膜，加强通气，调节好温室的温度与空气相对湿度，使温度白天维持在 25～30℃，夜晚维持在 14～18℃，空气相对湿度控制在 70% 以下，以利于番茄正常的生长发育，不利于病害的侵染发展，达到防治病害之目的。

（6）注意观察，发现少量发病叶果，立即摘除深埋，发现茎干发病，立即用 200 倍 70% 代森锰锌药液涂抹病斑，铲除病原。

（7）在化学防治上，定植前要搞好土壤消毒，结合翻耕，每亩喷洒 3000 倍 96% 恶霉灵药液 50 千克，或撒施 70% 敌克松可湿性粉剂 2.5 千克，或 70% 的甲霜灵锰锌 2.5 千克，杀灭土壤中残留病菌。定植后，每 10～15 天喷洒 1 次 1∶1∶200 倍等量式波尔多液进行保护，防止发病（注意！不要喷洒开放的花蕾和生长点）。如果已经开始发病可选用以下药剂：72.2% 普力克 800 倍液，72% 克露 700～800 倍液，72% 霜疫力克 600～800 倍液，70% 甲霜灵锰，或 70% 乙膦铝锰锌 500 倍液，25% 瑞毒霉 600 倍＋85% 乙膦铝 500 倍液，64% 杀毒矾 500 倍＋85% 乙膦铝

500 倍液，70％代森锰锌 500 倍＋85％乙膦铝 500 倍液，75％百菌清 800 倍液等。以上药液需交替使用，每 5～7 天 1 次，连续 2～3 次。阴雨天气，改用百菌清粉尘剂喷粉，每亩用药 800～1000 克，每 9 天 1 次，连喷 3～4 次；或用克露、百菌清、速克灵等烟雾剂熏烟防治，每亩用药 300～400 克。

四、番茄晚疫病

1. 症状

番茄晚疫病又被称之为"番茄疫病"，是番茄种植过程中发生最为普遍、危害较高的病害。幼苗、叶、果、茎均可受害，尤以叶片和青熟的果实受害最重。叶部受害一般先从中下部叶尖或叶缘开始，逐渐向上蔓延。初为暗绿色病斑，呈水浸不规则形状，病健交界处没有明显的界线，扩大后转为褐色。湿度大时叶背病健交界处可长出白色疏松的霉状物；病斑继续扩大时可使整个叶片霉烂。空气干燥，病斑变褐干枯。茎受害开始呈暗绿色，后变为黑褐色，病茎组织变软，严重时病斑可环绕全茎（病斑易折断），造成部分茎叶枯死。果实发病多在青熟期，近果柄外果面发病。病斑灰绿色，呈不规则形水浸状，逐渐向四周发展，后期变为褐色到深褐色。病斑稍凹陷，病果质硬不变软。湿度大时病斑处长出白霉，并迅速腐烂。此病多发于白天气温 24℃ 以下、夜温 10℃ 以上、相对湿度 75％～100％ 的情况下，在降雨早、雨量大、雨天多的条件下流行快、危害大。连作、湿度过大、低洼积水、氮肥过多易诱发此病。

2. 病原及发病条件

番茄晚疫病是由鞭毛菌亚门真菌疫霉菌侵染所致，低温潮湿是该病发生的主要条件。病菌在越冬番茄和土豆块茎上越冬，借气流和雨水传播，进行多次重复侵染。发病最适温度为 10～22℃，空气相对湿度的大小、持续时间的长短是决定该病流行的重要条件。常温下，相对湿度达 75％以上时开始发病，湿度越高、持续时间越长，发病越严重。

3. 防治方法

（1）**选用抗病品种** 如中蔬 4 号、中蔬 5 号、强丰、佳粉、中杂 4 号等。

（2）**种子处理** 催芽前先用 50～55℃温水浸种 15 分钟并不断搅动，再用 20～30℃温水浸泡 6～8 小时。

（3）**科学管理** 与非茄科蔬菜轮作，间隔 3 年以上；加强肥水管理，晴天浇水并防止大水漫灌，保护地内加强通风排湿；及时整枝打杈，摘除老叶，改善通风透光；田间一旦发现中心病株及时拔除销毁。

（4）**化学农药防治** ①喷雾施药。发病初期及时选用 64％杀毒矾 400 倍液，或 72.2％普力克 800 倍液，或 47％加瑞农可湿性粉剂 600～800 倍液，或 40％疫霉灵可湿性粉剂 250 倍液，或 58％甲霜灵锰锌可湿性粉剂 500 倍液，或 69％安克锰锌可湿性粉剂 1000 倍液，或 72％霜脲·锰锌（杜邦克露）可湿性粉剂 800 倍液喷雾防治，间隔 7 天喷 1 次，连喷 2～3 次。②粉尘施药。可选用 5％霜脲锰锌粉尘剂每亩每次 1 千克、5％百菌清粉尘剂每亩每次 1 千克，于傍晚棚室封棚前施药，过夜即可。7～8 天 1 次，连续 3～4 次。③烟雾施药。可选用 45％百菌清烟剂每亩每次 250 克，傍晚施药，封闭棚室。④灌根施药。可选用 50％甲霜铜可湿性粉剂 600 倍液、60％琥·乙膦铝可湿性粉剂 400 倍液，每株灌药液 300 克左右即可。

五、番茄灰霉病

1. 症状

番茄灰霉病主要发生在花期和结果期，地上部位均可发病。蘸苗发病，叶片和叶柄上产生水渍状腐烂，之后干枯，表面产生灰色、灰褐色霉层，严重时可扩展到幼茎，使幼茎产生灰黑色病斑，腐烂折断。成株期叶片发病，叶尖开始时出现水渍状浅褐色病斑，病斑呈"V"形，并逐渐向内发展，有深浅相同的轮纹。潮湿时病部长出灰霉，边缘不规则，干燥时病斑呈灰白色。病斑边缘与健叶部分界明显，部分叶片萎蔫下垂。茎部发病，病斑初为水渍状小点，后扩展成长条形病斑，高湿时长出灰色霉层，病部以上逐渐枯死。花萼被害，花暗褐色，渐干枯。果实发病主要出现在青果期，多从残留的柱头或花瓣开始发病，后向果面和果梗发展，果皮变成灰白色、水渍状、软腐，病部长出灰绿色绒毛状霉层，后期病部产生黑褐色鼠粪状菌核。

2. 病原、传播途径及发病条件

此病由灰葡萄孢属真菌侵染所致。温暖湿润是灰霉病发生的主要条件。病菌可在 2～31℃ 条件下存活。以菌核在土壤中或以菌丝体及分生孢子在病残体上越冬，条件适宜时，萌发菌丝，产生分生孢子，借气流、雨水和人们生产活动进行传播。温度 20～30℃、相对湿度 90% 以上时，是该病发生的适宜条件。连阴天、寒流天、浇水后湿度增大易发病。保护地一般从 12 月至翌年 5 月易发病。蘸花是主要的人为传播途径，病菌从伤口、衰老器官等枯死的组织上侵入，开花期是侵染高峰期。

3. 防治方法

选用具有高抗灰霉病的品种；与非茄科蔬菜实行 3 年以上的轮作；保护地主要是控制棚室温湿度，一般超过 30℃ 开始放风，温度降到 25℃ 时，继续放风，使温度维持在 20～25℃，至 20℃ 时停止放风，以使夜间温度保持在 15～17℃。阴天打开通风口换气。加强栽培管理，定植时施足底肥。冬季温室大棚内地膜尽可能盖严地面。采用膜下暗灌，避免阴雨天浇水，浇水后应放风排湿，发病后控制浇水，病果、病叶及时摘除并集中处理。拉秧后清除病残体，农事操作注意卫生，防止染病。注意：摘除病果病叶时，要用塑料袋套住后，方可摘除，以免操作不当散发病菌，传播病害。

药剂防治，重点抓住移栽前、开花期和果实膨大期三个关键用药期。①移栽前用 50％速克灵可湿性粉剂 1500～2000 倍液，或 50％多菌灵可湿性粉剂 500 倍液喷淋幼苗。②蘸花药。定植后结合蘸花施药，即在配好的 2,4-D 或防落素稀释液中加入 0.1％的 50％扑海因可湿性粉剂或 50％多菌灵可湿性粉剂或 0.2％～0.3％的 25％甲霜灵可湿性粉剂进行蘸花或涂抹。③催果药。在浇催果水前或初发病时施药。④喷雾可选用 50％速克灵可湿性粉剂 2000 倍液、50％扑海因可湿性粉剂 1500 倍液、45％噻菌灵悬浮剂 4000 倍液、2％阿司米星水剂 150 倍液和 50％农利灵可湿性粉剂 500 倍液等。以上述药之一或几种交替应用，每 7～10 天 1 次，连喷 2～3 次。⑤烟雾施药可选用 10％速克灵烟剂或 45％百菌清烟剂，每亩每次 250 克；3％噻菌灵烟剂，每亩每次 250 克。⑥粉尘施药可选用 5％百菌清粉尘剂，每亩每次 1 千克，用丰收 5 型或丰收 10 型喷粉器喷粉，每 7～10 天用一次，连施 2～3 次。

六、番茄叶霉病

番茄叶霉病是大棚番茄的常见病之一。相关调查表明，大棚番茄叶霉病的发病率高达 15％，个别区域甚至达到 20％以上，极个别地区甚至出现 50％的发病率。大棚番茄种植中的温度和湿度一般都非常适含叶霉病病原的生存和繁殖，因此必须采取有效措施进行叶霉病的防治，避免大范围叶霉病的发生，导致番茄产量下降。

1. 病症

番茄叶霉病主要为害叶片，严重时也为害茎、花和果实。叶片发病先从中、下部开始，逐渐向上部扩展。初期，叶片正面出现椭圆形或不规则形淡黄色褪绿斑。后期，病部生褐色霉层或坏死；叶背病部初生白色霉层，后变为紫灰色至黑色致密的绒状霉层。发病重时，叶片布满病斑或病斑连片，叶片逐渐卷曲、干枯。嫩茎或果柄发病，症状与叶片类似。引起花器凋萎或幼果脱落。果实病斑自蒂部向四面扩展，产生近圆形硬化的凹陷斑，上长灰紫色至黑褐色霉层。症状见图 6-13。

图 6-13　番茄叶霉病（彩图见文前插页）

2. 传播途径及发病条件

此病由黄枝孢霉属真菌侵染所致。该病菌以菌丝体在病残体或以分生孢子附着在种子上越冬，遇到适宜条件产生分生孢子，借气流和农事活动进行传播。病菌发育的最低温度 9℃，最高温度 34℃，一般气温 20～25℃，相对湿度 90％以上利于病菌侵染和病害发生。高温高湿有利于发病，但湿度是影响发病的重要的因素。病菌通过空气传播，从叶背的气孔侵入。

3. 防治方法

(1) 合理安排轮作 与瓜类或其他蔬菜进行 3 年以上轮作，可以降低土壤中菌源基数。

(2) 温室消毒 栽苗前按每 110 平方米用硫黄粉 0.25 千克的剂量和 0.50 千克的锯末混合，用点燃熏闷 1 夜的办法进行杀菌处理，过 1 天后再进行栽苗，或用 45％百菌清烟剂按每 110 平方米 0.25 千克的剂量熏闷 1 昼夜的办法进行室内和表土消毒。高温闷棚：选择晴天中午时间，采取 2 小时左右 30～33℃高温处理，然后及时通风降温，对病原有较好的控制作用。

(3) 选择优良番茄品种 高抗叶霉病的番茄品种有毛粉 802、佳粉 15、佳粉 16、佳粉 17、中杂 7 号、沈粉 3 号以及佳红 15 等。

(4) 加强棚内温湿度管理 适时通风，适当控制浇水，浇水后及时通风降湿，连阴雨天和发病后控制灌水。合理密植，及时整枝打杈，以利通风透光。实施配方施肥，避免氮肥过多，适当增加磷、钾肥。

（5）药剂防治　①喷雾施药。初见病后及时摘除病叶；喷洒药液要全面，要注意叶背面病部的防治。可用 2％阿司米星水剂 150 倍液、50％多菌灵可湿性粉剂 500 倍液、70％甲基托布津可湿性粉剂 800～1000 倍液、47％加瑞农可湿性粉剂 600～800 倍液等，每 7～8 天 1 次，连喷 2～3 次。②粉尘施药。傍晚时喷撒粉尘剂或释放烟雾剂防治。常用的有 5％加瑞农粉尘剂、5％百菌清粉尘剂、7％叶霉净粉尘剂、10％敌托粉尘剂等，每亩每次 1 千克，7～8 天 1 次；45％百菌清烟剂每亩每次 250～300 克。

七、番茄灰叶斑病

灰叶斑病是番茄的一种重要病害，可引起番茄减产 20％左右，有的甚至减产 80％，同时造成番茄果实质量下降。

1. 为害症状

番茄灰叶斑病主要为害叶片、叶柄、花梗、花萼、花瓣，以叶片为重，叶柄少见，不侵害果实。①叶片受害症状：叶片上出现长径 2～4 毫米的灰褐色近圆形小病斑，病斑沿叶脉逐渐扩展呈不规则形，后期干枯易穿孔，叶片逐渐枯死。②茎发病多出现 2 毫米左右灰褐色近圆凹陷病斑，并逐渐干枯，造成植株不能正常生长。③花朵受害症状：主要在花萼和花柄上出现 2 毫米左右灰褐色病斑。在花未开之前发病引起落花，不能坐果。④果实受害症状：

因叶片枯死，造成果实不能膨大，成熟时果实变黄红色，缺乏光泽。挂果后花萼发病不引起落果，但造成果蒂干枯。症状见图 6-14。

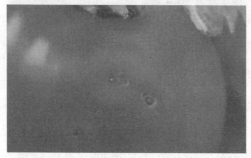

图 6-14　番茄灰叶斑病（彩图见文前插页）

2. 发病条件

（1）一般硬果型番茄品种发病重　在抗病品种中，下部衰老叶片为害重，生长旺盛叶片不发病或发病轻；在易感品种中，生长势强的地块发病明显轻于长生势弱的地块。另外，冬播番茄好于夏播番茄，主要是冬播番茄长势强于夏播番茄。

（2）在温度 20～25℃、相对湿度 80％以上时番茄灰叶斑病易发病，但不一定造成流行。温、湿度适宜而无雨时，病害只在个别地块的部分植株下部叶片发生。连续降雨 2～3 天时大部分地块整株发病，造成灰叶斑病流行。

（3）番茄在 6 月中旬采果盛期发病流行，夏播番茄在 8 月中旬第 3 序花开花期发病流行。土壤肥力不足，植株生长衰弱，发病重。大棚温室中发生也较重。

3. 预防措施

（1）可增施有机肥和磷钾肥。

（2）在前茬作物收获后及时清除病残体，集中烧毁。

（3）棚室适时放风降湿，增施有机肥及磷、钾肥，促新根、保老根，以增强植株抗性。

4. 防治方法

（1）棚室栽培番茄在发病初期，每亩喷撒 5％加瑞农粉尘剂或 5％灭霉灵粉尘剂 1 千克，或用 15％克菌灵烟雾剂（腐霉利＋百菌清）200 克熏治。露地栽培在发病初期喷 75％百菌清可湿性粉剂 600 倍液，或 77％氢氧化铜可湿性粉剂 400～500 倍液，或 50％混杀硫悬浮剂 500 倍液，隔 10 天喷 1 次，连续 2～3 次。

（2）在病害发生前或初发生时，用 20％噻菌铜悬浮剂 500 倍液或 56.7％氢氧化铜粉剂 1000 倍液喷洒植株。在病害发生时可用 10％世高（苯醚甲环唑）1500 倍液，或 64％杀毒矾 400 倍液喷施。每隔 7～10 天喷 1 次，连续

2～3 次。喷雾时尽量使用小孔径喷片，以降低叶表面湿度。已打顶的地块用 30％苯醚甲·丙环乳油 3000 倍液加 50％硫黄悬浮剂 1000 倍液混合喷雾有较好的防治效果。但苯醚甲·丙环乳油对番茄生长有抑制作用，因而在生长旺盛的地块尽量少用或不用。

八、番茄斑枯病

番茄斑枯病又叫番茄鱼目斑病、番茄斑点病、番茄白星病，是番茄叶部的一种主要病害。各地均有发生。引起叶片大量脱落，结果期间发病对产量影响很大。一般能降低产量 20％～30％，发病严重时降低产量 50％。

1. 症状

番茄斑枯病在番茄整个生长期都可能发病，结果初期发病集中。一般先从下部老叶开始发病，然后由下向上发展。主要为害番茄叶片，其次为茎、花萼、叶柄和果实。

（1）**叶片受害症状**　叶片发病初期，叶背面出现水渍状小圆斑。之后，叶片正反两面出现圆形或近圆形的病斑，边缘深褐色，中部灰白色，稍凹陷，病斑直径 3 毫米左右，以后在灰白色部分长出小黑点，严重时病斑连片形成大的枯斑，叶片褪绿变黄，有时病部组织坏死穿孔，甚至中下部叶片干枯或脱落（图 6-15）。

（2）**叶柄和茎受害症状**　斑近圆形或椭圆形，略凹陷，褐色，其上长有黑色小粒点（图 6-15）。叶柄上的小斑汇合成大的枯斑，有时病组织脱落造成穿孔，严重时中下部叶片全部干枯，仅剩下顶端少量健叶。

图 6-15　斑枯病（彩图见文前插页）

（3）果实受害症状　果实上病斑圆形，褐色，但一般很少见到。

2. 传播途径

番茄斑枯病的病原以菌丝和分生孢子器在病残体、多年生茄科杂草上或附着在种子上越冬，成为第 2 年初侵染源。分生孢子被雨水反溅到番茄植株上，孢子萌发后从气孔侵入，菌丝在寄主细胞间隙蔓延，穿入细胞内吸取养分，使组织破坏或死亡。菌丝成熟后又产生新的分生孢子器，进而又形成新的分生孢子。从分生孢子飞散到新的分生孢子形成只需半个月左右。分生孢子器吸水后，器内胶质物溶解，分生孢子逸出。传播介体主要有昆虫、风雨、灌溉水和农事操作等。

3. 发病条件

（1）番茄斑枯病的分生孢子器必须有水滴才能释放分生孢子，所以雨水在传播上起很大作用。当气温上升到15℃以上时，田间开始发病。当温度25℃、相对湿度达到饱和时，病原在 4 小时内就可侵入寄主，潜育期 8～10 天。多雨，特别是雨后转晴易发病。

（2）当土壤缺肥时，植株生长势衰弱，抵御病害的能力减弱；番茄不同品种抗病性也不同，野生品种抗病力较强，普通的栽培品种抗病力较差；高畦栽培植株根部不易积水，通气性也很好，温度低，减少了发病的机会；而平畦恰好相反，土壤积水，氧气缺乏，发病较重。

（3）番茄斑枯病的初侵染源一般为带有病株残体的土壤和肥料、带菌的种子、带菌的多年生杂草，如曼陀罗属及茄属等。老病区的病残体对第二年的发病起关键作用。

4. 防治方法

（1）在播种前先将番茄种子晾晒 1～2 天后，用 50℃

温水浸种 30 分钟，并不断搅拌热水；随后取出晾干催芽播种。

（2）种植番茄宜采用与非茄科作物进行 3～4 年以上的轮作方式。在育苗时，可采用 3 年内未种过茄科类的土壤育苗，可有效避免苗期发病。应合理使用肥料，增施磷钾肥，增强植株抗性。经常检查，及早摘除发病器官；收获后彻底清除田间病株残物和田边杂草，集中沤肥，经高温发酵和充分腐熟后方能施入田内。采用高畦栽培，清沟沥水，降低湿度。

（3）农药防治　番茄结果期多雨年份病害易流行，应于发病前喷 75％百菌清可湿性粉剂 800 倍液，或 70％代森锰锌可湿性粉剂 1000 倍液，每隔 10～15 天喷 1 次，连喷 2～3 次，预防效果良好。在发病初期喷 64％噁霜·锰锌可湿性粉剂 500 倍液，或 58％甲霜灵·锰锌可湿性粉剂 500 倍液，或 40％氟硅唑乳油 5000 倍液，或 45％噻菌灵悬浮剂 800 倍液，或 70％甲基硫菌灵可湿性粉剂 1000 倍液，或 40％多·硫悬浮剂 500 倍液等，每隔 7～10 天喷 1次药，每亩用药液 60 升左右，连施 2～3 次。

九、番茄白粉病

1. 症状及危害

白粉病是番茄的一种普通病害。病情较轻，对生产影响不大。个别棚室发病重，引起植株早衰死亡。

番茄白粉病发生在叶片、叶柄、茎及果实上。发病初期在叶面出现褪绿小点，后扩大为不规则形病斑，表面着生白色粉状物，是病原的菌丝、分生孢子梗及分生孢子。起初粉层稀疏，后期逐渐加厚。病斑扩大连片或覆盖整个叶面，其正面为边缘不明显的黄绿色斑，发病后期病叶变褐黑并逐渐枯死。叶柄、茎、果实染病时，发病部位也产生白粉状病斑。见图 6-16。

图 6-16　番茄白粉病（彩图见文前插页）

2.防治方法

在番茄白粉病发病前或发病初期喷药保护，可选用 62.25％腈菌唑·锰锌可湿性粉剂 5000 倍液，或 40％氟硅唑乳油 8000～10000 倍液，或 30％多·唑酮可湿性粉剂 4000 倍液，或 70％甲基托布津可湿性粉剂 1000 倍液，或 15％三唑酮乳油 1000 倍液，或 50％硫黄悬浮剂 200～300 倍液，或 50％嗪胺灵乳油 500～600 倍液，隔 7～15 天喷 1 次，连续 2～3 次。棚室可选用粉尘法或烟雾法，于傍晚喷撒 10％多·百粉尘剂，每亩每次 1 千克或施用 45％烟剂百菌清，每亩每次 250 克，用暗火点燃熏一夜。

十、番茄煤污病

煤污病是番茄的一种普通病害。各地均有分布，主要在保护地中发生。一旦发病病株率达 60％以上，对产量和质量都有影响。

1. 症状及危害

番茄煤污病主要为害叶片，也为害果实。

(1) 叶片受害症状 病初在叶面和叶背产生平铺状白色霉堆，以后渐变成灰黑色至黑褐色的霉堆。随病情发展，病叶黄化，霉斑背面叶肉组织坏死，形成大小不等的病斑。严重时叶片上病斑密布，短期内叶片枯死。见图 6-17。

(2) 果实受害症状 病原侵染果肉，也会在表面产生平铺状白色霉堆，后期变黑，影响果实着色品质（图 6-17）。

图 6-17 番茄煤污病（彩图见文前插页）

2. 传播途径

番茄煤污病的病原以菌丝和分生孢子在病叶、土壤及植物残体上越冬。春天产生分生孢子，借风雨及蚜虫、介壳虫、粉虱等传播蔓延。

3. 防治措施

在番茄煤污病点片发生阶段喷 40％灭菌丹可湿性粉剂 400 倍液，或 40％多菌灵悬浮剂 600 倍液，或 50％多霉灵可湿性粉剂 1500 倍液，隔 15 天喷 1 次，根据发病情况防治 1～2 次。采收前 3 天停止用药。及时防治蚜虫、粉虱及介壳虫等传播介体，可以有效预防病害的发生。

十一、番茄青枯病

1. 发病症状

番茄成株期发病较重。发病初期，病株白天萎蔫，晚上恢复，病叶的症状明显变化。先是顶端叶片萎蔫下垂，后下部叶片凋萎，中部叶片最后凋萎，也有一侧叶片先萎蔫或整株叶片同时萎蔫的。发病后，如土壤干燥、气温偏高，2～3天全株即凋萎。如气温较低、连阴雨或土壤含水量较高时，病株可持续1周后枯死，但叶片仍保持绿色或稍淡，故称青枯病。病茎表皮粗糙，茎中下部有不定根或不定芽；湿度大时，病茎上可见初为水浸状后变褐的斑块，维管束变为褐色，横切病茎，用手挤压，切面上维管束溢出白色菌液，这是本病与枯萎病和黄萎病相区别的重要特征。见图6-18。

图 6-18　青枯病（彩图见文前插页）

2. 传播途径

番茄青枯病是由假单孢杆菌（属细菌）侵染所致。病菌随病残体在土壤中越冬，借雨水和灌溉水传播。该病喜欢高温高湿，秋季高温多雨的年份发病较重。引发病症表现的天气条件为大雨或连续阴雨后骤然放晴，气温迅速升高，田间湿度大。此病发病最适温度范围 20～38℃，低于 10℃、高于 41℃停止发病。土壤含水量大于 25％时，有利于病菌侵入。此外，连作、低洼地、排水不良、土壤缺钙和缺磷，均有利于该病害流行。

3. 防治方法

此病目前尚无特效办法，只能以预防为主。发现番茄青枯病的植株时，及时拔除并烧毁，并在拔除病株处撒施生石灰粉或草木灰等，可以有效防止番茄青枯病病害的蔓延。发病初期可用 86.2％氧化亚铜可湿性粉剂 1500 倍液，或 10％世高水分散粒剂 2000 倍液，或 72％农用链霉素可溶性粉剂 4000 倍液，或 77％可杀得悬浮剂 800 倍液，或 30％琥胶肥酸铜悬浮剂 800 倍液，在病穴及附近植株每株灌兑好的药液 0.3～0.5 千克，10 天 1 次；另外每亩土地施石灰 100～150 千克调节土壤 pH 值，可减轻病害的发生。

十二、番茄细菌性斑疹病

番茄细菌性斑疹病又叫番茄细菌性褐斑病、番茄细菌性微斑病、番茄细菌性叶斑病、番茄细菌性斑点病，是番茄的一种重要病害，在各地均有发生。病株率可达到60%以上，对产量有明显影响，可造成5%～75%的产量损失。主要为害叶片、茎、果实和果柄，以叶缘及未成熟果实最明显。苗期和成株期均可染病。

1. 为害症状

(1) 叶部受害症状 由下部老熟叶片先发病，再向植株上部蔓延，发病初期呈水渍状小点，随后扩大成不规则斑点，深褐色至黑色，直径2～4毫米，无轮纹，四周有或无黄色晕圈，湿度大时，病斑后期可见发亮的菌脓。见图6-19。

(2) 果实受害症状 幼嫩果染病，初现稍隆起的小斑点，果实近成熟时，围绕斑点的组织仍保持较长时间绿色，区别于其他细菌性斑点病。后病斑周围呈黑色，中间色浅并有轻微凹陷。见图6-19。

(3) 花蕾受害症状 在萼片上形成许多黑点，连片时，使萼片干枯，不能正常开花。

图 6-19 细菌性斑疹病

（彩图见文前插页）

（4）茎部和叶柄受害症状 首先形成米粒状大小的水浸状斑点，病斑逐渐增多、扩大，随着病斑的扩大颜色由透明色到灰色，再到褐色，最后形成黑褐色，形状由斑点状扩大为椭圆，最后病斑连片形成不规则形。在潮湿条件下，病斑后期有白色菌脓出现。见图 6-19。

2. 发病条件及传播途径

番茄细菌性斑疹病的病原在种子上、病残体及土壤里越冬。特别在干燥的种子上，病原可存活 20 年，并可随种子远距离传播。播种带菌种子，幼苗即可发病。通过雨水飞溅和农事操作传播，进行初侵染和再侵染。在环境温度 25℃ 以下、相对湿度 80% 以上时，有利发病。

3. 预防方法

（1）番茄细菌性褐斑病是一个重要的种传病害，因此要加强检疫，防止带菌种子传入非疫区。

（2）番茄种子在播种前用 56℃ 温水浸种 30 分钟。还可以使用 1.05% 次氯酸钠浸 20～40 分钟或硫酸链霉素 200 毫克/千克浸 2 小时，然后经水洗 30 分钟后供播种使用。

（3）选耐病品种，在无病田采种。在干旱地区采用滴灌或沟灌，避免喷灌和漫灌。

（4）收获后及时清除病残体，集中销毁，并深翻土地。非茄科蔬菜实行 3 年以上的轮作。在发病初期防治前应先清除掉病叶、病茎及病果，然后再喷药。

（5）农药防治　在发病初期喷 77% 可杀得可湿性粉剂 400～500 倍液，或 20% 噻菌灵悬浮剂 500 倍液，或 14% 络氨铜水剂 300 倍液，或 0.3%～0.5% 氢氧化铜进行防治。每隔 10 天喷 1 次，连续 1～2 次。

十三、番茄细菌性溃疡病

番茄溃疡病是番茄毁灭性病害之一，属于细菌性病害，高温情况下发病较重。番茄细菌性溃疡病病斑似鸟的眼睛，故又称"鸟眼病"，后期果肉腐烂，并使种子带菌，有的幼果皱缩停长。无论苗期和成株期都能发生，由于此病有一定的潜伏期，前期不易识别，发生比较突然并且来势凶猛。

1. 为害症状

番茄细菌性溃疡病发病主要集中在叶片上、茎秆和果实上。植株的全生育期均可发生。

① 幼苗染病：多始于叶片，由下至上、由叶缘向内逐渐萎蔫坏死，严重的病苗在胚轴、嫩茎或叶柄上产生凹陷的条形斑，横切病茎，可见维管束变褐，髓部出现空洞，可导致幼苗矮化或枯死。见图6-20。

② 成株期染病：先从个别叶片开始，多由下向上、由局部枝叶向全株发展。初期下部叶片边缘枯萎，逐渐向上卷起。当病菌侵染髓部后，常有部分小叶或一侧的叶片凋萎，髓部未发病的顶梢叶片正常。随着病的发展，叶片变黄、皱缩、干枯，似干旱缺水枯死状，但不脱落。茎上发病，开始出现溃疡状灰白色至灰褐色条形枯斑，且髓部变褐，并迅速向上下扩展，在茎内形成长短不一的空腔，导致茎下陷、开裂，或弯折，茎的下部表面有许多疣刺或不定根。在潮湿的条件下，病茎处会有白色的脓状物溢出。病原菌可由茎部扩展到果柄，并一直延伸到果内，导致果柄的韧皮部及髓部呈褐色腐烂、萼片坏死、幼果皱缩变形。有时也有菌液溢出。果实发病时，果实的表面上产生疣状突起，病斑酷似鸟眼状，故称"鸟眼斑"，这是识

别本病的依据。病果多为空心果或畸形果，后期果肉腐烂。果面十分粗糙。见图 6-20。

图 6-20　细菌性溃疡病（彩图见文前插页）

2.传播途径及发病条件

番茄细菌性溃疡病由棒状杆菌侵染所致。病菌生长温度范围为 1～33℃，最适宜生长温度为 25～29℃，高温、高湿、连作、排水不良利于该病流行。番茄种子或病残体带菌，带菌的病残体可在土壤中越冬，干燥种子上的病菌可存活 2 年以上，在土壤中病残体上的病菌也可存活 2～3 年。发病田中用过的架材或盛装病果的器具也可带菌。病菌主要由各种自然伤口或人为伤口侵入，如分苗时叶片和幼根上的伤口。此外，在湿度大时，病菌也能经气孔侵入，有报道称昆虫也能传播此病。溃疡病菌一旦侵入番茄植株，就可以通过韧皮部和髓部在番茄体内迅速扩展，并通过维管束进入果实的胚，侵染种子的脐部或种皮，致使所有的种子带菌。如果在采种时混有病果，即便是病果率极低，种子带菌最低也在 1%～5%，病果率高时种子带菌可达 53% 以上。使用带菌种子育出来的苗必然带菌，而带病种苗是该病害传播的主要途径。病菌远距离传播主要靠种子、种苗、带病果实及盛装过番茄病果器具的调运；近距离传播主要是靠雨水及灌溉水。植株发病后，病菌又通过浇水、分苗、定植、整枝打杈、绑架、保花保果、疏花疏果、摘果等农事操作传播蔓延。

3. 防治方法

（1）**严格检疫和隔离**　要严格检疫，严格划分并封锁疫区。疫区种子、种苗禁止外调。

（2）**种子消毒**　温汤烫种。先将种子用温水浸泡 10 分钟，并搓洗，然后用 55℃ 温水烫种，不断搅拌，并随时补充热水，恒温烫种 30 分钟。或将干燥的种子放到 70℃ 恒温箱中干热灭菌 72 小时，或 80℃ 24 小时。也可用 1% 高锰酸钾、0.6% 醋酸、200 毫克/升的硫酸链霉素、2%

盐酸或 1.05％次氯酸钠等溶液浸种后，再用清水洗净药液，稍晾干后再催芽。或用种子质量 0.3％的 47％加瑞农（春雷·王铜）可湿性粉剂拌种。

(3) 对苗床消毒　在播种育苗前 20 天左右用 40％福尔马林 30 毫升加水 3～4 升配成的溶液进行消毒，或每亩用 70％敌磺钠可溶性粉剂 250～500 克消毒，也可用多菌灵处理。然后用塑料薄膜覆盖，5 天后揭膜，将床土耙松，使药剂味充分散发，15 天后再播种；育苗场所及所有育苗用具等均用 40％福尔马林 30～50 倍液浸泡或淋洗式喷雾，并充分晾晒。

(4) 对大田土壤消毒　可利用早春茬与秋冬茬口之间的夏季高温，密闭棚室 15～20 天；或用硫酸铜 500 倍液处理，每亩用硫酸铜约 1 千克；或每亩用 40％福尔马林 20 升兑水 30～40 吨消毒。

(5) 实行 5 年以上轮作；用塑料营养钵等分苗，尽量少伤根，有条件的可选用野生番茄为砧木进行嫁接；控制氮肥用量，增施磷钾肥；采用垄作覆地膜栽培；灌溉采用地膜滴灌、暗灌或软管微灌；及时清除棚室周边的茄科杂草；适时通风、降湿、透光；避免带露水进行农事操作；及时搭架；选晴天高温时段及早整枝打杈，尽量减少各种伤口；选择抗病性强的品种。

(6) 药剂防治

① 灌根预防：定植和缓苗分别灌 2 次埯水（北方地区把在垄上打的眼叫苗埯，埯水即向栽苗后的埯中浇水），第 1 次用普通水，第 2 次用 0.5％青枯立克（小檗碱）水

剂 300 倍液灌根，或用 35% 甲霜·福美双可湿性粉剂 800 倍液灌根，每株苗灌 50 毫升。

② 选用针对细菌的药剂，如 80% 乙蒜素乳油 25～30 克/亩、琥铜·乙膦铝（硫酸锌 12%、三乙膦酸铝 28%、琥胶肥酸铜 20%）可湿性粉剂 75～112 克/亩、20% 噻唑锌悬浮剂 20～30 克/亩、21.4% 柠铜·络氨铜水剂 66.7 克/亩。

③ 病株处理：在坐果后期，发现病株，尤其是病残体，必须彻底消除，用生石灰对病穴消毒，或换无病土。可采用涂抹＋喷雾的综合防治措施。

a. 涂抹：用 0.5% 青枯立克水剂 100 毫升＋10% 苯醚甲环唑可湿性粉剂 10 克＋2% 春雷霉素水剂 30 毫升兑水 5 千克，搅匀对病部进行涂抹，2 天 1 次。

b. 喷雾：采用以下药剂叶面喷雾，3～5 天 1 次，连喷 2～3 次：速净（有效成分为黄芪多糖、黄芩素）30 毫升和金贝（0.136% 赤·芸·吲）水剂 40 毫升；或 10% 苯醚甲环唑水分散粒剂 10 克和 2% 春雷霉素水剂 30 毫升；或大蒜油 15 毫升、10% 苯醚甲环唑 10 克和 2% 春雷霉素 30 毫升。

④ 绿色生物防治：用 M22 枯草芽孢杆菌 500 克/亩、荧光假单胞杆菌 500～670 克/亩灌根或 4% 春雷霉素可湿性粉剂 500 倍液灌根（也可叶面喷雾）。

十四、番茄菌核病

1. 为害症状

主要为害保护地番茄，冬春低温、多雨年份发生严重。叶、茎、果实均可为害。叶片染病，多始于叶片边缘。初呈水浸状、淡绿色，高湿时长出少量白霉，病斑呈灰褐色，蔓延速度快，致叶枯死。茎染病多由叶柄基部侵入。病斑灰白色稍凹陷，后期表皮纵裂，皮层腐烂，边缘水渍状。除在茎表面形成菌核外，剥开茎部，也可发现大量菌核，严重时植株枯死。果实染病常始于果柄，并向果实表面蔓延，导致青果似水烫状。受害果实上可产生白霉，后在霉层上可产生黑色菌核。见图6-21。

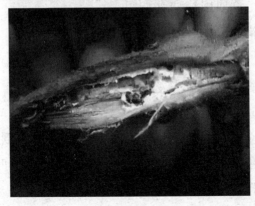

图 6-21

图 6-21 菌核病（彩图见文前插页）

2. 发病条件

番茄菌核病生长发育的温度范围是 0～30℃，适温为 18～25℃。最适相对湿度在 85％以上，70％以下停止生长。菌核耐干热、低温，但不耐湿热。菌核萌发和形成子囊盘的温度为 5～25℃，最适温度因各地环境而异，为 8～20℃。一般病地连作，或地势低洼，或排水不良，或偏施氮肥，番茄菌核病发病重。

3. 防治方法

（1）及时清除田间杂草，有条件的覆盖地膜，抑制菌核萌发及子囊盘出土。发现子囊盘出土，及时铲除，集中烧毁。

（2）与非茄科作物实行 2～3 年以上轮作倒茬，合理密植，采用配方施肥。及时清除棚室内残枝败叶、老叶、病叶，带出田外集中烧毁深埋，减少传染源。

（3）从番茄苗期开始，严格控制生态条件，防止高温出现。注意通风换气，降低湿度。育苗温室与生产温室分开，严格保证育苗温室不发病。

（4）在发病初期及时进行喷雾处理，可用50％乙烯菌核利可湿性粉剂 1000 倍液，或 50％腐霉利可湿性粉剂 1000～1500 倍液，或 50％异菌脲可湿性粉剂（扑海因）1500 倍液，或 50％多菌灵可湿性粉剂 500 倍液，或 70％甲基硫菌灵可湿性粉剂 800 倍液，或 25％醚菌酯悬浮剂 1000 倍液，或 10％苯醚甲环唑水分散粒剂 1000 倍液，或 40％菌核净可湿性粉剂 500 倍液，或 50％苯菌灵可湿性粉剂 1500 倍液，或 40％嘧霉胺悬浮剂 1200 倍液，或 50％混杀硫悬浮剂 500 倍液，或 65％甲硫·乙霉威可湿性粉剂（甲霉灵）600 倍液，每亩施药液量 60～70 升，着重喷洒植株基部与地表，注意轮换用药，隔 7～10 天 1 次，连续防治 3～4 次。还可用 10％腐霉利烟剂 250 克/亩，或20％腐霉·百菌清烟剂 250～300 克/亩点燃熏烟。

十五、番茄枯萎病

枯萎病是番茄上的常见病害之一，保护地、露地栽培番茄均可发生。多雨年份发生普遍而严重。在日光温室中，11～12 月造成严重死苗。

1. 为害症状

在开花结果期植株生长缓慢，发病初期，下部叶片变黄，逐渐向上发展。中午叶片萎蔫，夜间恢复，反复数日后，全株萎蔫枯死。在病情急剧发展时，则全株萎蔫。有时半株发病，半株健全，为害症状仅表现在茎的一侧，该侧叶片发黄，变褐后枯死，而另一侧茎上的叶片仍正常。有的半个叶序变黄；或在一片叶上，半边发黄，另半边正常。也有的从植株距地面近的叶序始发，逐渐向上蔓延，除顶端数片完好外，其余均枯死。病株茎基部表皮多纵裂，节部和节间出现黄褐色条斑，常流出松香状的胶质物。潮湿时，长出白色至粉红霉层。可见维管束和根部变黄褐色，腐烂，极易从土中拔起。横切病茎，可见维管束呈褐色。见图 6-22。

图 6-22　枯萎病（彩图见文前插页）

本病也是一种维管束系统性病害，但病程进展较慢，一般 15～30 天才枯死，且用手挤压病茎横切面或在清水中浸泡，无乳白色黏液流出，有别于细菌性青枯病。

2. 防治方法

（1）**农业防治**　选用抗枯萎病的品种；实行与非茄果类作物 3～5 年以上的轮作；苗床 2～3 年应调换地方，或改换新土；在重病区或重茬地，结合整地，每亩施入熟石灰粉 80～100 千克，抑制病菌发展；施用免深耕土壤调理剂，使深层土壤疏松通透，通过下雨或浇水淋溶，降低土壤上层的病菌浓度，减轻发病；育苗催芽前应行种子消毒，常用的方法有温汤浸种、干热处理（将干种子放在70～75℃的恒温中处理 5～7 天）；在保护地内，夏季空闲时间，整地、起垄后，铺盖地膜，再密闭大棚，利用阳光提高保护地内的温度，使 20 厘米以上的地温达 45℃以上，可消灭多数枯萎病菌；选地势高燥的田块栽培，尽量利用高畦或半高畦栽植；控制浇水量，雨季及时排水，防止涝害；施肥注意氮、磷、钾配合应用，防止缺肥或氮肥偏多。

（2）药剂防治 发病初期可用 50%多菌灵可湿性粉剂500 倍液；或 50%甲基托布津 400 倍液；或 10%双效灵水剂 200～300 倍液；或农抗 120 的 100 倍液；或 48%瑞枯霉水剂 800 倍液，每株灌根 0.25 千克药液，每 10 天 1 次，连续 2～3 次。

十六、番茄黄萎病

黄萎病是番茄的一种重要病害，还严重降低番茄果实的品质。

1. 症状及危害

番茄黄萎病多发生于番茄生长中后期。发病初期，先在植株中下部叶片上发生，叶片由下向上逐渐变黄，黄色斑驳首先出现在侧脉之间，发病重时果小或不结果。剖开病株茎部，导管变褐色，别于枯萎病。病株下部叶片在晴天中午前后或天气干旱时萎蔫，阴雨天或夜间恢复正常。病势进一步发展，则从下部叶片向上枯死，严重时整株叶干枯脱落，但是不像青枯病、枯萎病那样呈急性枯萎，以慢性枯萎为其特征。发病株矮小，果实膨大差。病菌在土中残存。除番茄外，茄子、草莓等也可受侵染，应避免与这些蔬菜连作。见图 6-23。

图 6-23　番茄黄萎病（彩图见文前插页）

2. 传播途径和发病原因

（1）番茄黄萎病以休眠菌丝、厚垣孢子和微菌核随病残体在土壤中越冬，可在土壤中长期存活。

（2）番茄黄萎病的病原菌可借风、雨、流水或人畜及农具传到无病田。病原从伤口侵入。

（3）番茄黄萎病病菌的发育适温在 19～24℃，最高为 30℃，最低为 5℃，菌丝、菌核 60℃经 10 分钟致死。一般气温低、定植时根部伤口愈合慢，利于病菌从伤口侵入。从定植到开花期，日平均气温低于 15℃的日数较多，发病早、重。如果这个时期雨水调和，天气暖和，病害显著减轻。

（4）如地势低洼，或施用未腐熟的有机肥，或灌水不当及连作地番茄黄萎病发病重。

3. 防治方法

（1）选择适合当地栽培的抗病品种，发病重的地区应选用抗病力强的杂一代。

（2）无病区要进行种子检疫和种子处理，病区要建立无病种子田或从无病株上采种。有带菌嫌疑的种子要进行种子处理，用 50%的多菌灵可湿性粉剂 500 倍液浸种 2 小时，或用 55℃温水浸种 15 分钟，移入冷水冷却后催芽播种。

（3）与非茄科作物实行 4 年以上轮作，如与葱蒜类轮作效果较好，水旱轮作更理想。

（4）番茄应于 10 厘米深处土壤地温 15℃以上时开始定植，最好铺光解地膜，避免用过冷井水浇灌。定植时可进行植穴内消毒，采用 50%的多菌灵可湿性粉剂每亩 2 千克与 50 千克细干土混匀。

（5）定植田，每亩用 50％多菌灵 2 千克进行土壤消毒。苗期或定植前期，喷施 50％多菌灵可湿性粉剂 600～700 倍液。

（6）在番茄黄萎病发病初期喷 10％治萎灵水剂 300 倍液，隔 10～15 天喷 1 次，连喷 2 次。或浇灌 50％苯菌灵可湿性粉剂 1000 倍液，或 50％琥胶肥酸铜可湿性粉剂 350 倍液。

十七、番茄黑斑病

番茄黑斑病对露地栽培、保护地栽培都可产生危害，但保护地重于露地。主要为害果实、叶片和茎。果实染病，病斑灰褐色或褐色，圆形至不规则形，病部稍凹陷，有明显的边缘，果实有一个或几个病斑，大小不等，病斑可连合成大斑块，斑面生黑色霉状物（见图 6-24）。发病后期，病果软腐。从青果期开始喷药保护，每隔 7～10 天喷药 1 次，连用 2～3 次。可选用异菌脲、戊唑醇、嘧菌

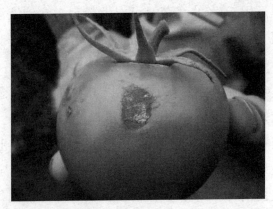

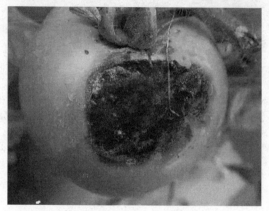

图 6-24　番茄黑斑病（彩图见文前插页）

酯、苯醚甲环唑、百菌清、氢氧化铜等喷雾防治。

十八、番茄茎基腐病

近年来，温室番茄生产中茎基腐病发生较多，危害较为严重。番茄茎基腐病是一种真菌性病害，常因土壤积水、栽植早、温度过高而发生。另外，密度过大、管理不当、基肥不足等都有利于病害的发生与蔓延。

1. 症状特点

番茄茎基腐病在幼苗期及成株期均可产生危害，主要为害即将定植的大苗和已植番茄的茎基部或地下部主、侧根。

（1）苗期受害症状　番茄幼苗发病后，首先茎基部变褐，随后病部收缩变细即发生缢缩现象，进而中上部茎叶逐渐发生萎蔫下垂和枯死现象，一开始，发病苗白天萎蔫，夜晚可恢复，数日后，当病斑环绕茎1周时，幼苗便逐渐枯死，不倒伏。

（2）番茄成株期受害症状　番茄植株发病后，病部初亦呈暗褐色，后绕茎基部或根部扩展，致皮层腐烂，地上部叶、花、果逐渐变色，停止生长。在果实膨大后期发生该病，植株迅速萎蔫枯死，似青枯症状，但患病部位无菌脓。另外，发病部位常出现具同心轮纹的椭圆形或不规则形褐色病斑；后期易出现淡褐色霉状物或大小不一的黑褐色菌核。见图6-25。

图 6-25 番茄茎基腐病（彩图见文前插页）

2. 传播途径和发病原因

（1）番茄茎腐病主要由腐霉菌和细菌复合侵染所致，病原菌以菌丝和菌核传播和繁殖，在土壤中越冬，腐生性强，可在土壤中存活 2～3 年。病原借水流、农具传播和蔓延。大水漫灌且遭遇地温过高最易发病。

（2）番茄茎基腐病发育适温 24℃，最高温度 42℃，最低温度 13℃。

（3）在阴雨天气，或苗床或棚室温度高，或施用未腐熟肥料、氮肥过量，或土壤湿度大、土壤板结通透性差，或通风透光条件差，易发生茎基腐病。

（4）一般冬春茬日光温室番茄的定植期一般在 9 月中、下旬，时值秋雨绵绵，气温偏高，如栽植时茎基部皮层受伤，栽植过深，土壤湿度偏大，连阴天持续时间较长，且放风、排湿不及时，则会造成番茄茎基腐病的发生和流行。

3. 防治方法

（1）选择适合当地栽培的抗病番茄品种。在播种育苗前对种子及苗床进行消毒。

（2）选择地势高燥、平坦地块育苗；加强苗床管理，注意提高地温，科学放风；防止苗床或育苗盘出现高温高湿环境。

（3）定植前1个月，将大棚内外的残枝落叶清理干净并运出大棚销毁，扣严棚膜，8～9月高温闷棚。同时深耕棚内土壤，结合浇大水亩施速效氮肥20～30千克，或撒施多菌灵、百菌清等广谱性杀菌剂，再盖上地膜可将土壤内的大部分病菌杀死。

（4）加强栽培管理。与非茄科作物实行3年以上轮作；采取大小行、小高垄方式种植；减少植株病害定植深度，以高出育苗钵1厘米左右为宜，切勿定植过深；合理密植；采用配方施肥技术；及时打杈，增加田间通风透光；切忌大水漫灌；发现地温过高，则扒开茎基部土壤晾晒。

（5）定植后发病的，要在茎基部施用拌种双或多菌灵药土。药土配方：每立方米细土加入50％多菌灵可湿性粉剂80克。定植缓苗后，采用3％克菌康（中生菌素）500倍液涂抹患部；叶片发黄时，用克菌康500倍液喷液或用百菌清和腐霉霜500倍液灌根；对于维管束变成黑褐色的植株应立即拔除，并对土壤消毒，防止病菌浇水蔓延。

（6）在发病前或发病初期喷施药剂防治，药剂可用：75％百菌清可湿性粉剂600倍液，或50％福美双可湿性粉剂 500 倍液，或 36％甲基托布津悬浮剂 500 倍液，或 80％乙蒜素 1500 倍液，或 64％杀毒矾可湿性粉剂 500 倍液，隔 7～10 天防治 1 次，视病情防治 1～2 次。也可采用 80％乙蒜素 1000 倍液灌根或涂抹病部，控制病情发展。

十九、番茄疫霉根腐病

1.症状及危害

番茄疫霉根腐病是一种土传病害。棚室栽培发病重，病株率 20％～40％，重病地病株率可达 70％～80％。该病发病快、周期短、蔓延流行迅速，给防治工作带来很大困难。

番茄疫霉根腐病在番茄各生育期均可发生，主要发生于苗期与花果盛期。

（1）苗期受害症状　主要病部在幼苗根颈处。叶部发病开始有水渍状病斑，后扩展、腐烂，使叶片萎蔫、枯死。茎部发病产生水渍状病斑，形成从上往下病斑，皮层变褐腐烂，直至枯萎。根颈部发病开始有水渍状病斑，嫩叶在中午时分萎蔫，早晚恢复正常，后根颈部表皮呈水渍状环斑时，地上嫩叶萎蔫，早晚也不恢复正常，老叶从叶尖开始变黄，严重时导致地上部老叶枯黄，嫩叶绿色萎蔫，最后整株死亡。拔出病株可见根系的细根腐烂，仅残留变褐的粗根，不发生新根。剖视病株根、茎，可见有的病株维管束从地面数厘米至几十厘米的一段变为褐色。见图 6-26。

（2）成株期受害症状　病症表现和幼苗期一样，但蔓延速度更快。成株病症主要表现在根颈、根和果实上。从根颈开始有水渍状病斑后，3～4天迅速扩展，地上部分由早晚可以恢复正常变成全天萎蔫；根系褐色腐烂，4～5天后可扩展到全园甚至整个种植区。在果实上表现为褐色腐败，湿度大时，病部长出白色霉状物，后逐渐扩大形成同心轮纹。见图6-26。

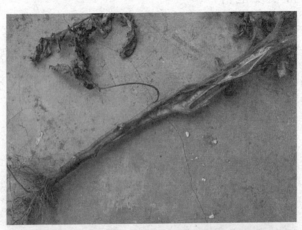

图6-26　番茄疫霉根腐病（彩图见文前插页）

2. 传播途径及发病条件

番茄疫霉根腐病的病原以卵孢子或厚垣孢子在病残体上越冬。病菌通过灌溉水或雨水传播蔓延。在条件适宜时，潜育期短，可引起多次重复侵染。大棚番茄5月中旬初见病株，6月上、中旬为发病盛期。如果灌水迟、量少，高峰期可推迟20～30天，植株从发病到枯死7～15天。此病的发病程度与番茄品种的抗病性密切相关，毛粉802、强丰、L402发病轻，早丰、西粉3号发病较重。高温、高湿有利于病害的发生与流行，棚内温度在28～31℃、相对湿度90％以上时极易发生流行，夏季土温过高也易引起发病。新建大棚种植番茄，疫霉根腐病不发生或发生很轻，具有3年以上番茄栽培历史或与茄子、辣椒接茬种植大棚番茄的发病重，而与蒜、韭菜轮作或间作套种的发病轻。连作、平畦栽培的发病重，高垄栽培的发病轻。灌水量大或大水漫灌、灌水次数多的发病重。保护地栽培的，中午高温时灌水发病重。灌水后或遇连阴天未能及时放风、排湿的发病重。

3. 防治方法

该病病程短，发病速度快，毁灭性强，一旦发病极难控制。应采取以农业预防为主，辅以药剂防治的防治策略。

（1）番茄种子在播种前，可用种子重量0.3％的70％恶霉灵可湿性粉剂，加种子重量0.3％的50％福美双混匀后拌种，或用种子重量0.12％的95％敌克松拌种。或先将种子与 25％甲霜灵可湿性粉剂 10 倍液拌匀，然后再播种。

（2）利用太阳热进行土壤消毒，对病害重的连作苗床及栽培地块在 7～8 月利用"太阳热＋石灰＋有机物＋地膜（大中棚采用设施密闭）＋灌水"的处理方法处理土壤 30～50 天，能起到土壤消毒、防治土传病虫害、培肥地力及除草的作用。

（3）采用无病基质育苗，保证秧苗健壮不带病。对酸性、微酸性土壤，在种植前要进行改土，使土壤表现为中性。番茄育苗时，应进行苗床和营养土消毒处理，用 58％甲霜灵·锰锌可湿性粉剂，或 50％甲霜·铜可湿性粉剂 50 克与 250 千克营养土混拌均匀，将 4/5 消过毒的营养土撒在床面上。在苗床浇足底水的前提下，播种后再将剩余的 1/5 营养土覆在种子上面（1 厘米厚），这样可以避免苗期发病。

（4）番茄采取高垄栽培，可提高地温，降低湿度，调节土壤肥力，增加透性，壮大根系，增强植株抗病能力，垄高 15～20 厘米。番茄定植后做好棚室内温湿度及地温管理，灌水要及时适当，播种或定植后要浇足保苗水或定植水，严禁大水漫灌，避免灌后积水，以小水勤浇为宜，灌水时间以早、晚为佳。湿度大时放风排湿，地温低时松土提温。夏季覆膜要在缓苗后适当晚盖，避免土温过高、湿度过大。

（5）番茄生长期和收获后及时清除田间病株和病残体，严禁将病株和病残体随意丢弃在棚内外、水渠中，应集中烧毁或深埋。田间病株拔除后在病穴中撒入草木灰或生石灰。病原卵孢子在土壤中可存活 2～3 年，轮作倒茬是减少菌源积累的重要途径，应尽量减少重茬，避免与茄科蔬菜连作或套种，宜与葱、蒜等作物间作或套种。

（6）防治农药 沿用旧苗床育苗时，用 58％甲霜灵·锰锌可湿性粉剂，或 50％甲霜·铜可湿性粉剂 8～10 克/平方米，与半干细土 4～5 千克混拌均匀，在苗床浇足底水的前提下，先取 1/3 土撒在床面上，播种后再将剩余的 2/3 土覆上。幼苗出土 7 天后开始用多菌灵加代森锌或甲霜灵锰锌等喷雾，轮换用药，每周 1 次，共 2～3 次。药剂防治关键在于定植后 30 天内，定植时用 50％的多菌灵 500 倍液加代森锌 500 倍液作定根水灌根，7 天后进行第 2 次灌根。随后在雨前和雨后用波尔多液进行地上部分保护（波尔多液为硫酸铜∶生石灰∶水为 1∶1∶200），但 7～10 天内不能喷代森锰锌。早期发病可选用 58％甲霜灵·锰锌可湿性粉剂 500 倍液，或 69％安克·锰锌可湿性粉剂 600～800 倍液，或 72.2％普力克（霜霉威盐酸盐）水剂 600 倍液，或 64％杀毒矾可湿性粉剂 500 倍液，或 14％络氨铜水剂 300 倍液喷雾防治，视病情隔 7～10 天喷 1 次，防治 2～3 次。也可用 40％根腐灵可湿性粉剂 200 倍液，或 72％克露可湿性粉剂 400 倍液滴注灌根来防治，穴灌量 200～250 毫升，连续 2～3 次，间隔期 7～10 天。发病期，可用可杀得 600 倍液＋农用链霉素 5000 倍液淋根，或用 58％雷多米尔锰锌可湿性粉剂 500 倍液连续喷雾和灌根 2～3 次，每株番茄的灌药量为 200～250 毫升，每隔 7～

10 天灌药 1 次。

二十、番茄黑点根腐病

1. 症状及危害

无土或有土栽培均见发病，主要为害主根和支根。病初植株下部叶片变黄，并逐渐发展至上部叶片，此时下部叶片落叶。拔出病株可见茎基部和主根变褐、腐烂，表面生许多小黑点即病菌小菌核。细根呈淡褐色，腐烂脱落。严重时病株枯死。此病常与褐色根腐病混合发生，混合为害，严重时植株枯死。见图 6-27。

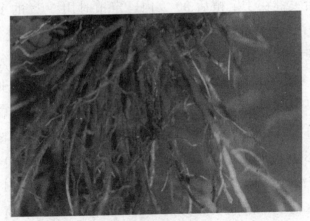

图 6-27　黑点根腐病（彩图见文前插页）

2. 传播途径及发病条件

番茄黑点根腐病的病菌在病部或随病残体在土壤中越冬，而且可在土壤中有机质上增殖。病菌分生孢子借风雨传播，也可由雨水将分生孢子向周围扩展附着于幼苗或粪肥，借此传播扩散。生长期产生分生孢子在无土栽培时借培养液循环传播，扩大危害。病菌在15～30℃范围内均可发育，最适温度26～28℃。番茄种植密度大，株、行间郁闭，通风透光不好时发病重；地势低洼积水、排水不良、土壤潮湿易发病；温暖、高湿、多雨、日照不足易发病；土壤黏重、偏酸、肥力不足、耕作粗放、杂草丛生的田块，地下害虫严重的田块发病重；氮肥施用太多，植株生长过嫩、抗性降低易发病；连作地发病重，植株生长衰弱病情明显加重。

3. 防治方法

（1）田间栽培番茄要实行2～3年以上与非茄科轮作，避免连作，以免菌源积累。

（2）高畦栽培，覆盖地膜。施用酵素菌沤制的堆肥、充分腐熟的有机肥或采用生物菌肥。减少化肥施用量，减轻病害发生。无土栽培的要及时更换营养液。

（3）灌水要灌小水，切勿大水漫灌。雨后排出田间积水。

（4）初见病株及时拔除，烧毁或深埋。收获后彻底清除病残体，尤其是土中根茬。深翻土壤。

（5）在发病初喷洒75％百菌清可湿性粉剂500倍液；用70％甲基托布津800倍液，或45％噻菌灵悬浮剂1000倍液，或47％加瑞农可湿性粉剂600倍液，或50％苯菌灵可湿性粉剂1000倍液，或50％多菌灵或50％甲基硫菌灵可湿性粉剂500倍液，或80％炭疽福美800倍液，或

25％咪鲜胺 3000 倍液，喷布植株茎基部或灌根，每 7～10 天 1 次，连用 2～3 次。采收前 7～10 天停止用药。

二十一、番茄褐色根腐病

1. 症状及危害

发生番茄褐色根腐病的植株顶端茎叶萎蔫，不久萎蔫茎叶的小叶变色，叶缘呈脱水状，拔除病株可见根系变褐，侧根、细根腐烂脱落，主根表皮木栓化，表面有小的龟裂并着生许多小黑点。后期病株整株变褐、枯死。见图 6-28。

图 6-28　褐色根腐病（彩图见文前插页）

2. 传播途径

番茄褐色根腐病的病菌以菌丝体和分生孢子器随病残体在土壤中越冬。病残体混入粪肥，粪肥未充分腐熟时也可能带菌。翌年病菌产生大量分生孢子，分生孢子借雨水、灌溉水传播，从根部或茎基部伤口侵入。病菌生育适温 20～22℃，发病适宜土温是 15～18℃。需土壤高湿度。褐色根腐病在土壤黏重、重茬地、地下害虫严重地发病重。

3. 防治方法

（1）种植较抗病番茄品种，如中蔬 5 号、佳粉 10 号、佳粉 15 等。培育无病壮苗。

（2）番茄采用高畦栽培，密度适宜。精细定植，减少伤根。

（3）重病地与非茄科蔬菜进行 3 年轮作。

（4）种植番茄前施用充分腐熟的粪肥。适当控制灌水，严禁大水漫灌。

（5）在番茄收获后彻底清除病残体，尤其是残存在土壤中的病残茬。深翻土壤。盛夏病地翻耕，灌足水，覆地膜，让阳光晒田 1 个月可有效杀灭土中病菌。

（6）发病初期用 10% 双效灵 200 倍液，或 50% 托布津 400 倍液，或 12.5% 增效多菌灵 200 倍液，喷布植株茎基部及周围土表或药液灌根。

二十二、番茄假单胞果腐病

1. 症状及危害

番茄假单胞果腐病主要为害果实。发病初期出现不规则形病斑，病斑先发白，逐渐软化而腐烂，内部果肉变为黄褐色至黑褐色，全果渐腐烂，流出黄褐色脓水，但因无臭味别于软腐病。假单胞果腐病在夏天多雨季节易发病。通过雨水或水滴溅射传播，也可接触传播。见图6-29。

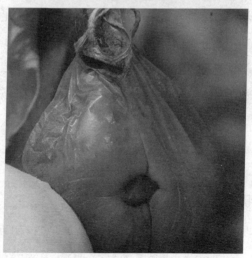

图 6-29　假单胞果腐病（彩图见文前插页）

2.防治方法

（1）要注意轮作，不要与茄科作物连作。

（2）棚室栽培番茄要注意调节温度，避免低温高湿条件出现。

（3）采用避雨栽培、严禁大水漫灌、浇水时防止水滴溅起，是防止该病的重要措施。

（4）在发病初期喷72％农用硫酸链霉素可溶性粉剂4000倍液，或47％加瑞农可湿性粉剂800倍液，或30％碱式硫酸铜悬浮剂400倍液，隔7～10天喷1次，连续2～3次。采收前3天停止用药。

二十三、番茄软腐病

1. 症状及危害

番茄软腐病主要为害番茄茎和果实。

（1）番茄果实受害症状 多自果实的虫伤口、日烧伤处先发病。初期病斑为圆形褪绿小白点，继变为污褐色斑。随果实着色、成熟度增加及细菌繁殖为害，病部组织软化腐烂，发展迅速，常扩及半个果实至整个果实，但外皮仍保持完整，丧失果形。腐汁具有臭味。见图6-30。

（2）番茄茎干受害症状 主要发生在棚室中，植株中、下部的茎干、枝条上，近地面茎部先出现水渍状污绿色斑块，后扩大为圆形或不规则形、微隆起褐斑，有浅色窄晕环，髓部腐烂，后期茎枝干缩中空，病茎枝上端的叶片变色、萎垂。

图 6-30　番茄软腐病（彩图见文前插页）

2. 传播途径和发病原因

番茄软腐病的病原菌随病残体在土壤中越冬，可以借雨水、灌溉水传播，从伤口侵入。病原侵入后分泌果胶酶溶解中胶层，导致细胞分崩离析，致细胞内水分外溢，引起腐烂。病菌发育适温为 25～30℃，最高为 40℃，最低为 2℃，50℃经 10 分钟致死。除侵染番茄外，还可侵染十字花科、茄科蔬菜，芹菜及莴苣等。番茄如整枝过晚，枝条过粗，或湿度大伤口难于愈合，或阴雨天或露水未落干时整枝打杈，或虫伤多，则软腐病发病重。

3. 防治方法

（1）注意选用适合当地栽培的抗病高产良种。

（2）番茄种子在播种前用 55℃温水浸种 20 分钟，杀灭种子上的细菌。

（3）避免植地连作，收获后及早清理病残物，烧毁和深翻晒土，整治排灌系统、高畦深沟。有条件的地方，结合防治绵疫病、晚疫病等病害，推行地膜覆盖栽培。

（4）加强农业栽培生态管理技术措施，在晴天及时修整枝、叶，改善通风透光，调节湿度，并且及时剪除残存的果柄。加强大棚番茄的肥水管理技术，减少植株的生理开裂伤口等。

（5）在番茄软腐病发病初期及时喷洒药剂防治，药剂可用50%消菌灵（氯溴异氰尿酸）可溶性粉剂1500倍液，或47%加瑞农可湿性粉剂800倍液，或20%噻菌酮悬浮剂500倍液，或23%络氨铜水剂500倍液，或50%琥胶肥酸铜可湿性粉斑500倍液，或72%农用硫酸链霉素可湿性粉剂4000倍液，或77%可杀得可湿性粉剂500倍液等，隔7天1次，连续3次，防治效果可达80%以上，有效地控制病害发生流行。

二十四、番茄绵腐病

1. 症状及危害

绵腐病在番茄幼苗期引起猝倒，成株期为害果实，是造成番茄烂果的重要原因。多近地面果实易发病，裂果的成熟果实发病重。发病果实出现水浸状黄褐色或褐色大斑，并迅速扩软化、发酵，使整个果实腐烂，密生白色霉层。病果多脱落，很快烂光。见图6-31。

番茄绵腐病主要发生在雨季，仅个别发病果实或积水地块发病重。生理裂果多时发病也较重。

图 6-31　绵腐病（彩图见文前插页）

2.防治方法

番茄采用高畦覆膜栽培，种植密度要适宜。要及早整枝、搭架。合理施用氮、磷、钾肥。合理、均匀灌水，切忌大水漫灌，降雨后要及时排水。防止生理裂果产生，番茄成熟后要及时采收。

番茄绵腐病不需要单独防治，可结合防治其他病害时兼治。发病后喷25％甲霜灵可湿性粉剂800倍液，或40％乙膦铝可湿性粉剂250倍液，或64％杀毒矾可湿性粉剂500倍液，或15％恶霉灵水剂450倍液，或72.2％霜霉威水剂800倍液，隔7～8天喷1次，连续2～3次。

二十五、番茄绵疫病

1.症状及危害

番茄绵疫病又叫褐色腐败病、番茄掉蛋，是番茄的一种普通病害。主要为害果实，也可以为害茎、叶等全株各个部位，各生育期均可发病。

（1）番茄果实受害症状 发病的番茄果实，先出现污褐色病斑，湿润状，不定形，后迅速向四周扩展，显出深污褐色和浅污褐色的轮纹，最后病斑可覆盖大部分至整个果实表面，果肉腐烂变软。病斑上长出许多白色絮状的霉层，为病原的菌丝、孢囊梗和孢子囊。见图 6-32。

图 6-32 番茄绵疫病（彩图见文前插页）

（2）番茄叶片受害症状 番茄叶片染病亦可产生污褐色不定形病斑，多从叶缘先发病，迅速扩展至全叶变黑枯死、腐烂，潮湿时亦长出白色霉层。

2. 传播途径和发病原因

（1）番茄绵疫病菌以卵孢子或厚垣孢子随病残体越冬，借雨水溅到近地面的果实上，从果皮侵入而发病。病原菌通过雨水及灌溉水进行传播再侵染。

（2）在阴雨连绵、相对湿度在 85% 以上，平均气温在 25～30℃的天气条件下，特别是雨后转晴天，气温骤升，最有利于绵疫病的流行。在 7～8 月份高温多雨季节易发病。

（3）番茄绵疫病病菌发育温限为 8～38℃，30℃时最适。相对湿度高于 95%，菌丝发育好。

（4）菜田低洼，或土质黏重，或整地和管理粗放，或种植过密，或田间通风透光性差等，均有利于绵疫病流行。

3. 防治方法

（1）与非茄科作物轮作，与葱蒜类或水稻轮作效果较好。避免与茄子、辣椒等茄科蔬菜连作或邻作。

（2）采收后彻底清洁田园，病残体带出田外集中销毁。在番茄定植前精细整地，沟渠通畅，做到深开沟、高培土，降低土壤含水量。

（3）及时整枝打杈，去掉老叶、膛叶，使果实四周空气流通。采用地膜覆盖栽培，避免病原通过灌溉水或雨水反溅到植株下部叶片或果实上。及时摘除病果，深埋或烧毁。

（4）番茄绵疫病发病迅速，植株进入开花结果阶段，又值潮湿多雨高温季节，应作预防性喷药，一旦发现病害应立即加强喷药防治。药剂可用 64% 杀毒矾可湿性粉剂

500 倍液，或 50％甲霜铜可湿性粉剂 600 倍液，或 80％的代森锌可湿性粉剂 65～80 克/亩，或霜脲·锰锌可湿性粉剂 96～120 克/亩，隔 7～10 天喷 1 次，上述药剂轮换使用，连续喷 3～4 次。

二十六、番茄茎枯病

1. 症状及危害

番茄茎枯病症又叫番茄黑霉病，主要为害茎和果实，也可以为害叶和叶柄。

(1) 茎部受害症状 茎部出现伤口易染病，病斑初呈椭圆形，褐色凹陷溃疡状，后沿茎向上下扩展到整株，严重时病部变为深褐色干腐状，并可侵入维管束中。见图 6-33。

图 6-33　番茄茎枯病（彩图见文前插页）

(2) 果实受害症状 果实发病，侵染绿果或红果，初为灰白色小斑块，后随病斑扩大凹陷，颜色变深变暗，长出黑霉，引起果实腐烂。

(3) 叶片受害症状 植株上部叶脉两侧的叶组织褪绿干枯，叶面布满不规则褐斑，病斑继续扩展，致叶缘卷曲，最后叶片干枯或整株枯死。

番茄茎枯病一般在高湿多雨或多露情况下易发。茎部出现伤口易发病。

2. 防治方法

选用耐病品种。收获后及时清洁田园。及时发现并摘除病果，深埋处理。收获后彻底清除病残体，并随之深翻土壤。

在发病初期喷 75% 百菌清可湿性粉剂 600 倍液，或 80% 代森锰锌可湿性粉剂 600 倍液，或 64% 杀毒矾可湿性粉剂 400 倍液，或 70% 乙膦·锰锌可湿性粉剂 500 倍液。视病情 4～7 天 1 次，连用 2～3 次。

二十七、番茄青霉果腐病

1. 症状及危害

番茄青霉果腐病只为害果实。多发生于成熟或贮藏期的果实。发病果实上产生大小不等的圆形水浸状褐色凹陷病斑，病斑逐渐扩大，病部软化，长出白色霉状物，后出现黑色丝状霉层，病果迅速腐烂。见图 6-34。

该菌腐生在多种有机物上，产生分生孢子，借气流传播，通过各种伤口侵入，也可通过病健果的接触传染。

2. 防治方法

(1) 合理施肥，适时浇水。

(2) 番茄及时采收，避免产生伤口。

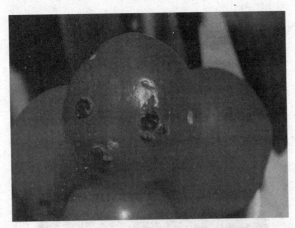

图 6-34　番茄青霉果腐病（彩图见文前插页）

（3）番茄贮运时要剔除病果、伤果；贮藏窖温控制在 5～9℃，相对湿度 90％左右；贮藏窖要用硫黄粉或福尔马林消毒。

（4）在番茄青霉果腐病发病初期喷 50％多菌灵可湿性粉剂 500 倍液，或 50％苯菌灵可湿性粉剂 1500 倍液。

二十八、番茄根霉果腐病

1. 症状及危害

根霉果腐病是番茄的一种普通病害，主要为害番茄果实，严重时造成部分果实腐烂，影响商品价值。一般以下部过度成熟果，或有生理裂口的果实容易发病。病果呈大面积灰褐色水渍状软腐。在病组织表面产生初为灰白色后变成灰褐色毛状物，上有灰白至灰黑色小粒点。经过一段时间后在白色霉层上生出黑蓝色球状的菌丝体，病果迅速腐烂。见图 6-35。

图 6-35　番茄根霉果腐病（彩图见文前插页）

2.传播途径

番茄根霉果腐病的病原孢囊孢子可附着在棚室墙壁、门窗及塑料棚骨架、架杆等处越冬，遇有适宜的条件，病原从伤口或生活力衰弱的部位侵入，形成初侵染。病原可借气流传播蔓延，形成再侵染。在温暖潮湿条件，特别是连续阴雨的情况下易发病。

3.防治方法

（1）及时采收番茄成熟果实。

（2）控制田间和棚室内湿度。

（3）田间进行农事操作时避免产生伤口。

（4）在番茄根霉果腐病发病初期喷50％多菌灵可湿性粉剂500倍液，或77％氢氧化铜可湿性粉剂500倍液，或30％碱式硫酸铜悬浮剂400～500倍液，隔10天喷1次，连续2～3次。采收前3天停止用药。

二十九、番茄根结线虫病

1. 为害症状

根结线虫病是番茄的一种重要根部病害。在棚室中发生较重。发病田块植株生长缓慢，严重影响果实品质和产量，减量可达30％～50％，有的甚至造成绝产。番茄根结线虫病主要为害番茄根部，从苗期到成株期均可造成为害。

（1）番茄根部受害症状 番茄病株根部产生肥肿畸形瘤状结，使根部畸形。细根上有许多结节状球形或圆锥形大小不等的瘤状物，初为乳白色，后变为褐色，表面常有龟裂。解剖根结有很小的乳白色线虫埋于其内。在根结之上可生出细弱新根，再度发病则形成根结状肿瘤，严重影响根系对水分和养分的吸收能力。见图6-36。

（2）番茄地上部受害症状 根结线虫病为害较轻时，植株地上部没有明显的症状，随着病情发展，植株下部叶片的叶尖和叶缘先变黄，也有少数出现整叶褪绿变黄或黄褐色，而叶脉初为绿色，后逐渐变黄；继而植株叶片自下往上逐渐凋萎，缺水情况下整株萎蔫。晴天中午症状明显，叶片逐渐干枯，干枯时叶柄多呈黄色，而主蔓仍为绿色。前期受害不明显，中后期表现生长缓慢，叶色发黄，果实脱落，干旱时萎蔫枯死。挖出病根，可见大小不一的畸形瘤状结块。见图 6-36。

图 6-36　根结线虫病（彩图见文前插页）

2. 发生规律

（1）番茄根结线虫病的病原以成虫、2 龄幼虫或卵随病残体遗留在土壤中越冬，可存活 1～3 年。根结线虫病发生的适宜温度为 25～30℃，10℃时停止活动，主要分布在土表 10 厘米土层内，初侵染源主要是病土、病苗及灌溉水。

（2）番茄根结线虫病原以幼虫侵入寄主，刺激根部细胞增生，形成根结或瘤。线虫发育至 4 龄时交尾产卵，雄虫离开寄主进入土中。卵在根结里孵化发育，2 龄后离开卵壳，进入土中进行再侵染或越冬。

（3）根结线虫成虫喜温暖湿润环境。在棚室保护地栽培，提高了土温，增加了土壤湿度，更易于根结线虫的繁殖，受害逐年严重。地势高燥、沙质土易发病，重茬地发病重。地势低洼、长期积水、板结、干燥情况下不易发病。

3.防治方法

（1）采用无土栽培，不仅杜绝了虫源，同时又可减少土传病害的发生；轮作 2～3 年，降低土中根结线虫量，重病田与禾本科作物轮作效果好，尤其是水旱轮作；根结线虫多分布在3～9 厘米表土层，将土壤深翻25～30 厘米，把虫卵翻入深层；收获后，条件允许时，可灌水淹地几个月。

（2）土壤消毒　在前茬作物清田后，结合翻耕每亩用10％阿维菌素悬浮剂 1000～1500 毫升兑水 60～75 千克均匀喷洒，或撒施 1.8％根线散（阿维菌素）微胶囊缓释颗粒 1～2 千克精耕细耙，利用高温季节的晴好天气密闭棚膜 7～10 天，可有效防止根结线虫病对棚内蔬菜的为害。

（3）科学施肥　利用根结线虫喜欢酸性土壤的特性，结合整地对土壤酸化的地块，每亩撒施生石灰 100～150千克，调节土壤 pH 值，制约根结线虫的活动性，减轻根结线虫的为害；在施用有机肥及动物粪便前要进行高温发酵，充分发酵腐熟后再施用。

（4）选用抗根结线虫病的番茄品种，或采取嫁接育苗技术；用专用基质或无病土育苗，培育适龄壮苗，提高植株抗病力。

（5）在栽苗前开沟，每亩直接施入 5％丁硫克百威颗粒剂 5～7 千克，或用 3％米乐尔颗粒剂撒施在定植穴中，或每亩用 5％灭线磷颗粒剂 6 千克，或 5％根线灵颗粒剂 2.5 千克，或 1.8％阿维乳油 200 毫升，或 0.3％印楝素乳油 100 毫升，或 0.15％阿维·印楝素颗粒剂 4 千克，用湿细土拌匀后撒施于垄上沟内，盖土后移栽。

（6）在番茄生长期可选用 15％的阿维·丁硫微乳剂 75～112 克/亩，或 1.8％阿维菌素乳油 2000 倍液灌根，或 5 亿活孢子/克的淡紫拟青霉制剂 2.5～3 千克/亩，进行灌根或泼浇，隔 7～10 天喷 1 次，上述药剂轮换使用，连续灌根 2～3 次。

三十、番茄病毒病

1. 为害症状

番茄病毒病在田间的症状主要有 6 种，分别是花叶型、蕨叶型、条斑型、巨芽型、卷叶型和黄顶型。①花叶型。在田间发生最为普遍，叶片出现黄绿相间或深绿、浅绿相间的斑驳，有时叶脉透明；严重时叶片狭窄或扭曲畸形，引起落花、落果。果实小，植株矮化。②蕨叶型。全株黄绿色。由上部叶片开始全部或部分变成条状，中下部叶片向上微卷。叶背有明显紫脉，叶片纤细线条状；叶片边缘向上卷起，有的下部叶片卷成筒状。植株矮化、细小和簇生，严重影响产量。③条斑型。病株上部叶片开始呈花叶或黄绿色，随之茎干上中部初生暗绿色下陷短条纹，后为深褐色下陷油渍状坏死条斑，逐渐蔓延围拢，致使病株萎黄枯死状。病株果实畸形，果面有不规则形褐色下陷油渍状坏死斑块或果实呈淡褐色水烫坏死状。番茄受害程度以条斑型为最重，造成的损失最大。④巨芽型。植株顶部及叶腋长出的芽大量分枝或叶片呈线状、色淡，致芽变大且畸形。病株不能结果，或呈圆锥形坚硬小果。⑤卷叶型。叶脉间黄化，叶片边缘向上方弯卷，小叶呈球形，扭曲成螺旋状畸形。整个植株萎缩，有时丛生，多不能开花结果。⑥黄顶型。病株顶叶叶色褪绿或黄化，叶片变小，叶面皱缩，中部稍突起，边缘多向下或向上卷起，病株矮化，不定枝丛生。见图6-37。

图 6-37

图 6-37 番茄病毒病（彩图见文前插页）

2. 病原及发病条件

番茄病毒病其病原有 20 多种，主要有黄瓜花叶病毒、烟草花叶病毒、烟草卷叶病毒和苜蓿花叶病毒、番茄斑萎病毒等。病毒病的发生和环境条件、植株生长势强弱关系密切，植株生长势衰弱，高温、干旱利于发病，氮肥使用偏多或土壤瘠薄、板结，或黏重、排水不良发病重。最适发病环境温度为 20～35℃，相对湿度在 80％以下，最适感病生育期为五叶期至坐果中后期，发病潜育期 10～15天。分苗、定植、绑蔓、整枝、打杈、蘸花等管理会增加传播机会，苗龄小或徒长苗，缺肥缺水，特别是缺钾肥时一般发病重。病毒病主要通过种子携带、人为接触、昆虫（主要是蚜虫）刺吸等传播，土壤中的病残体、越冬寄主残体、烟叶烟丝均可成为初侵染源。并且在高温干燥条件下有利于病毒的代谢和昆虫的活动，不利于番茄的生长，抗病力低而发病重且易于流行。

3. 防治方法

（1）选用抗病品种　冬春茬栽培可行选用佳粉 1 号、苏抗 5 号、苏抗 8 号、苏抗 9 号、西粉 3 号、早丰等。秋延后栽培可选用强丰、中蔬 4 号、中蔬 5 号、毛粉 802、中蔬 10 号、中蔬 15 号等。

（2）种子处理　播种前浸种 3～4 小时，再放入 10％磷酸钠溶液中浸种 30 分钟，捞出后用清水洗干净，再催芽；也可用 0.1％的高锰酸钾溶液浸种 30 分钟后用清水淘洗。

(3) 加强田间管理 适当提早或推迟播种，避开高温期；培育壮苗；夏季育苗用遮阳网遮光降温；田间作业接触过病株后，手和用具用肥皂水及时洗净消毒，发现病株及早连根拔起，带到田外深埋或烧毁；加强肥水管理，施足基肥，适当增施磷钾肥。

(4) 防治蚜虫 温室放风口设置 30～40 目防虫网，室内悬挂诱虫板，行间可用银灰色反光膜驱避蚜虫。选用 2.5％中保蚜无踪乳油（啶虫脒＋烯啶虫胺＋噻虫嗪）1000～1500 倍液，或 4％剑诛乳油（阿维·啶虫脒）1000～1500 倍液等喷杀。

(5) 防治烟粉虱 番茄黄化曲叶病毒病由烟粉虱传播。一是治早治小，在烟粉虱种群密度较低虫龄较小的早期防治至关重要，一龄烟粉虱若虫蜡质薄，不能爬行，接触农药的机会多，耐药性差，易防治；二是集中连片统一用药，烟粉虱食性杂，寄主多，迁移性强，流动性大，只有全生态环境尤其是田外杂草统一用药，才能控制其繁殖为害；三是关键时段全程药控。烟粉虱繁殖率高，生活周期短，群体数量大，世代重叠严重，卵、若虫、成虫多种虫态长期并存，在 7～9 月烟粉虱繁殖的高峰期必须进行全程药控，才能控制其繁衍为害；四是选准药剂、交替使用。对烟粉虱有较好防效的药剂有吡虫啉、阿维菌素、丁硫·吡虫啉、扑虱灵、氟虫腈等，不同药剂要交替轮换使用，以延缓抗性的产生。当田间表现出番茄黄化曲叶病毒病症状时，可在发病初期及时喷施病毒抑制剂，加强肥水管理，促进植株健壮生长，减少发病损失。

(6) 化学防治　发病初期可用 1.5％植病灵 1000 倍液，或 20％病毒 A 可湿性粉剂 500 倍液，或抗毒剂 1 号 200～300 倍液进行防治，每周 1 次，连喷 2～3 次。选用 40％克毒宝（烯·羟·吗啉胍）可溶性粉剂 1000 倍液，每隔 7～10 天喷 1 次，连续 2～3 次。还可使用 5％菌毒清水剂 300 倍液、20％毒克星 500 倍液喷雾防治，每隔 7 天喷药 1 次，或 1％高锰酸钾连喷 3～5 次。

第四节　日光温室番茄病害发生新特点及无公害防病措施

日光温室等保护地番茄病害种类多、危害重，随着栽培面积的不断扩大及多年种植，病害发生呈现出新的规律性，老病害逐步加重，新病害相继出现，且常常多种病害同时发生，交替出现，危害更加猖獗，防治愈来愈困难，能否有效防治番茄病害已成为制约番茄栽培成败的关键因素。

一、日光温室番茄病害发生新特点

（1）土传病害发生普遍而严重　温室一旦建成，重茬连作不可避免，每年换土又不现实，易造成土壤中病菌的积累。如枯萎病、菌核病及根结线虫病等在许多温室、大棚内均成为主要病害，并有蔓延之势。

（2）**低温高湿病害发生重**　日光温室内的小气候可调节范围有限，良好的肥水管理加重棚内湿度，客观上会促进许多喜低温高湿病害如灰霉病、晚疫病等猖獗发生，成了秋冬茬日光温室番茄高产栽培的主要限制因子，自 1994 年以来，每年使日光温室番茄减产 30%～50%，有的年份高达 80%～90%。

（3）**细菌性病害及病毒病日趋严重**　长期以来，一直注重对真菌类病害的防治，而使细菌性病害、病毒病乘虚而入，并逐步加重。如细菌性疮痂病、溃疡病、青枯病和软腐病等均呈加重趋势；病毒病也由主要为害叶片，转向为害果实。

（4）**新病害不断出现**　特殊的栽培环境、良好的生态条件促成了一些新病害相继出现，并成了保护地番茄生产中新的制约因素，如红粉病、圆纹病等均给防治工作增加了难度。

（5）**生理性障碍复杂而危害严重**　日光温室内的温湿度等可调节范围有限，一旦遭遇恶劣天气条件，会造成棚内湿度大、地温偏低、通风不良等，从而影响番茄的正常生长，影响根系对养分的吸收，造成植株生长失调而表现出多种生理性病害，并加重生物性病害发生，例如低温障碍、生理性早衰、肥害、气害等。

二、无公害防治措施

保护地番茄病害发生具有复杂性和不确定性，任何一种病害一旦发生，则难于控制，应很好地贯彻"预防为主、综合防治"的方针，尽量减少化学农药的使用。

1. 农业防治

(1) 选用抗病品种　这是防治各病害最经济有效的途径，尤其对于一些难于防治的病害更能收到事半功倍的效果。例如选用抗病毒病的双抗 2 号、中蔬 4 号、强丰、早魁等；从荷兰引进的抗根结线虫病的 gc779、w733 等新品种。

(2) 合理施肥　科学施肥，推行配方施肥、测土施肥，依据番茄生理需求施肥，要施足有机肥，避免偏施氮肥，增施磷钾肥，适时叶面施肥，防止植株早衰、增强抗病能力。

(3) 改善栽培设施　日光温室应尽可能提高标准，改善通风透光条件，张挂反光膜；采用无滴膜，减少结露现象；全膜覆盖，膜下灌水，最好在棚内建蓄水池并实行滴灌，以有效降低空气湿度，避免地温过度降低，减少病害发生和流行的可能性。

(4) 合理间套作与轮作倒茬　连作重茬会造成养分失衡与匮乏，造成菌源积累，加重许多病害发生。可通过科学栽培加以调节，减轻病害发生，如番茄地混种韭菜，可防治番茄根腐病、萎蔫病；番茄与茼蒿同穴栽培可抑制番茄枯萎病；与葱蒜类和十字花科类轮作，可有效控制枯萎病和早疫病等。

(5) 清洁田园　前茬作物收获后要彻底清除病株残体

和杂草，深翻土壤，减少室内初侵染源；发病后及时摘除病花、病果、病叶，或拔除病株，带到室外销毁，可有效控制病害蔓延。

(6) 换土改造 连作几年后，土壤盐化及土传病害加重，可采取去老土换新土的方法来解决。方法是铲除耕层表土，换上无毒肥沃的大田土。

2. 生物防治

(1) 应用生物技术 可采用转基因等生物技术培育抗病品种；对病毒病可通过生长点培养培育无毒苗，并采用病毒疫苗，例如使用中国农科院研制的弱毒疫苗 n14 在番茄 1～2 片真叶分苗时，将洗去土壤的幼苗浸在疫苗 n14 的 100 倍液中 30 分钟，然后分苗移栽，可产生免疫力。

(2) 使用生物农药 如立枯病可用木霉菌 0.5 千克掺细土 50 千克混匀，然后撒在病株茎基部，每亩用药 1.5 千克，能有效控制病情；青枯病可用 72% 农用链霉素或新植霉素可溶性粉剂 2500～3000 倍液喷雾或灌根。

3. 生态防治

不同病害适宜的温湿度不同，应依据不同温室内的具体情况，科学管理，控制温湿度。尽量保持较低的空气湿度，避免出现高温高湿及低温高湿的环境条件，温度一般白天控制在 20～25℃，夜间 13～15℃，适温范围内，采取偏低温管理；合理通风，适时浇水，改善光照条件等。

4. 物理防治

(1) 温汤浸种 用 50～55℃ 温水浸种 10～15 分钟，

可有效防治多种种传病害。

（2）土壤消毒 抓住春秋茬之间的夏闲高温期翻地晒棚，进行土壤消毒，方法为每平方米铺 4～6 厘米麦草 1 千克，加石灰氮 0.1 千克，深翻 20 厘米，然后田埂间灌满水，用旧塑料薄膜盖上，密闭 10～15 天后，地表温度可升到 50～60℃，灭菌及杀线虫效果显著。

5. 化学防治

在熟悉病害种类、了解农药性质的前提下，对症下药；适期用药，讲究施药方法，选用高效、低毒、无残留农药，把化学防治的缺点降到最低限度，生产无公害蔬菜。

第五节　番茄虫害的发生与防治

一、蚜虫

1. 为害症状

蚜虫也被称之为"腻虫""蜜虫"，主要集聚在叶片以及嫩梢之上，刺吸汁液，同时分泌蜜露，影响光合作用，使植株严重营养不良，造成叶片逐步皱缩、变黄，阻碍植株正常发育。由于蚜虫能够对多种病毒进行快速传播，所以其带来的危害往往大于其本身危害，必须引起重视并及时治理。

2. 防治原则

应采用综合防治措施，坚持预防为主的防治原则，把蚜虫控制在点片发生阶段。

3. 防治措施

（1）农业防治

① 选用抗蚜品种。

② 消灭虫源。在冬前、冬季及春季要彻底清洁田间，清除菜田附近杂草。

③ 合理安排蔬菜茬口。例如，韭菜挥发的气味对蚜虫有驱避作用，可与番茄搭配种植，能降低蚜虫的密度，减轻蚜虫为害。

（2）物理防治

① 银灰膜避蚜。利用银灰色对蚜虫的驱避作用，可用银灰色地膜覆盖蔬菜，防止蚜虫迁飞到菜地内。先按栽培要求整地，用银灰色薄膜（银膜）代替普通地膜覆盖，然后再定植或播种。也可在蔬菜定植搭架后，在菜田上方拉 2 条 10 厘米宽的银膜（与菜畦平行），并随蔬菜的生长，逐渐向上移动银膜条。也可在棚室周围的棚架上与地面平行拉 1～2 条银膜。

② 黄板诱蚜。有翅成蚜对黄色、橙黄色有较强的趋性。取一块长方形的硬纸板或纤维板，板的大小一般为 30 厘米×50 厘米，先涂一层黄色水粉，晾干后，再涂一层黏性黄色机油（机油内加入少许黄油）或 10 号机油；也可直接购买黄色吹塑纸（商店有售），裁成适宜大小，而

后涂抹机油。把此板插入田间，或悬挂在蔬菜行间，高于蔬菜 0.5 米左右，利用机油粘杀蚜虫。经常检查并涂抹机油，黄板诱满蚜后要及时更换。此法还可测报蚜虫发生趋势。目前，市场上已经有黄板出售。

③ 洗衣粉灭蚜。洗衣粉的主要成分是十二烷基苯磺酸钠，对蚜虫等有较强的触杀作用。因此，可用洗衣粉 400~500 倍液灭蚜，每亩用液 60~80 千克，喷 2~3 次，可收到较好的防治效果。

(3) 生物防治

① 利用天敌。蚜虫的天敌有七星瓢虫、异色瓢虫、龟纹瓢虫、草蛉、食蚜蝇、食虫蝽、蚜茧蜂及蚜霉菌等。应选用高效低毒的杀虫剂，并应尽量减少农药的使用次数，保护这些天敌，以天敌来控制蚜虫数量，使蚜虫的种群控制在不足为害的数量之内。也可人工饲养或捕捉天敌，在菜田内释放，控制蚜虫。

② 植物灭蚜。将烟草磨成细粉，加少量石灰粉，撒施；将辣椒或野蒿加水浸泡 1 昼夜，过滤后喷洒；蓖麻叶粉碎后撒施，或与水按 1∶2 混合，煮 10 分钟后过滤喷洒；桃叶在水中浸泡 1 昼夜，加少量石灰，过滤后喷洒。以上措施均可达到避蚜、灭蚜的效果。

(4) 化学农药防治

① 燃放烟剂。适合在保护地内防蚜。每亩用 10%杀瓜蚜烟雾剂 0.5 千克，或用 22%敌敌畏烟雾剂 0.3 千克，或用 10%氰戊菊酯烟雾剂 0.5 千克。把烟雾剂均分成 4~5 堆，摆放在田埂上，傍晚覆盖草苫后用暗火点燃，人退

出温室，关好门，次日早晨通风后再进入温室。

②喷粉尘剂。适合在保护地内防蚜。傍晚密闭棚室，每亩用灭蚜粉尘剂1千克，用手摇喷粉器喷施。在大棚内，施药者站在中间走道的一端，退行喷粉；在温室内，施药者站在靠近后墙处，面朝南，侧行喷粉。每分钟转动喷粉器手柄30圈，把喷粉管对准蔬菜作物上空，左右均速摆动喷粉，不可对准蔬菜喷，也不需进入行间喷。人退出门外，药应喷完，若有剩余，可在棚室外不同位置，把喷管伸入棚室内，喷入剩余药粉。

③喷施农药。蚜虫为害严重时，喷洒2.5%溴氰菊酯乳油2000～3000倍液，或2.5%功夫乳油（除虫菊酯）3000～4000倍液，或10%吡虫啉可湿性粉剂3000倍液；或50%抗蚜威（又名辟蚜雾、灭定威）可湿性粉剂2000～3000倍液，或10%蚜虱净可湿性粉剂4000～5000倍液，或15%哒螨灵乳油2500～3500倍液，或4.5%高效氯氰菊酯3000～3500倍液，效果较好。

二、白粉虱

1. 为害特征

白粉虱又叫温室白粉虱、小白蛾（图6-38），是番茄的主要害虫，主要以成虫和若虫吸食植物汁液，被害叶片褪绿变黄、萎蔫，甚至全株枯死，并能传播病毒病或引起煤污病的大发生。大棚设施内的温湿度等小气候，适宜白粉虱的生长发育，严重影响番茄产量和质量。

图 6-38　白粉虱（彩图见文前插页）

2. 番茄白粉虱发生规律

番茄在自然种植条件下，白粉虱的发生消长随着温度变化而变化，温度越低，发生量越少，冬季最低气温时段出现零诱虫量，直到翌年温度回升后，虫量开始回升。而大棚种植番茄棚内温度变化幅度较小，适合白粉虱发生与繁殖，会延长为害时间。整个生长季节都保持较高发生量，给番茄生长带来极大影响。

3. 防治方法

大棚设施栽培改变了田间小气候生态环境，加重番茄白粉虱的发生，延长为害时间，增加防控难度。防治上应贯彻"预防为主、综合防治"的植保方针，采用农业防治、物理防治为主，药剂防治为辅的配套防控技术。

（1）把好育苗关　培育无病虫壮苗健苗是农作物高产栽培的基础，也是提高抗（耐）病虫能力的主要途径。应用全封闭育苗大棚，采取集约化育苗新技术，使用客土、新培养料加阿维菌素颗粒剂，混合为育苗袋育苗，可减少病虫害初侵染来源，推迟虫害发生期。另外在育苗出圃前可施药1次，避免将病虫害带入大田。

(2) 设置防虫网　防虫网是一项绿色、环保防控害虫的技术措施，尤其是大棚设施栽培，将出入口、前风口、上风口，多装一层防虫网，既省工又省成本，可阻隔多种害虫迁入，有效降低大棚虫口基数。目前推广使用较多的为40~50目防虫网，防虫效果明显。

(3) 悬挂诱虫板　目前主要使用黄板加白粉虱性诱剂诱芯组成诱虫板，每亩挂8~10片，每40天换1次新诱虫板。据观察，连续使用诱虫板可减少虫量50%~60%，减少农药使用2~3次。

(4) 药剂防治　是最直接、快速、有效的防控措施。大棚内白粉虱发生世代重叠，没有明显发生高峰期，防治适期应以发生量而定。观测结果表明，平均每片诱虫板每天诱虫达10只以上时，应开展药剂防治。药剂可选用25%吡蚜酮粉剂1500倍液，或10%啶虫脒水剂2000倍液，或10%吡虫啉粉剂1500倍液进行喷雾。大棚室内较为封闭，也可应用烟雾剂，既节省成本又高效。

三、斑潜蝇

1. 为害特征

番茄斑潜蝇属双翅目潜蝇科，又叫瓜斑潜蝇，为高杂食性害虫，是危险的六小害虫之一（图6-39）。斑潜蝇除番茄斑潜蝇外，比较重要的还有三叶草斑潜蝇、线斑潜蝇、美洲斑潜蝇和南美斑潜蝇等。五种斑潜蝇形态极相似。为害茄科、葫芦科、十字花科等36科以上的植株。嗜食番茄、瓜类、莴苣和豆类，以及甘蓝、油菜、白菜、茼蒿、莴苣等。全国各地均有分布。

图6-39　斑潜蝇（彩图见文前插页）

番茄斑潜蝇幼虫孵化后潜食叶肉，呈曲折蜿蜒的食痕，苗期2～7叶受害多，严重的潜痕密布，致叶片发黄、枯焦或脱落。虫道的终端不明显变宽，是该虫与线斑潜蝇、南美斑潜蝇、美洲斑潜蝇相区别的一个特征。

2. 发生规律

（1）番茄斑潜蝇在华南地区每年发生 25～26 代。

（2）番茄斑潜蝇在 4 月和 10 月均温 25～27℃、降雨少时适合其发生。主要有两次发生高峰期，一次在 3～6 月，4 月达到高峰；第 2 次高峰在 10～12 月，10 月进入高峰；种群密度上半年高于下半年，7～9 月份雨季发生少。成虫寿命 10～14 天，卵期 13 天左右，幼虫期 9 天左右，蛹期 20 天左右。

（3）番茄斑潜蝇的成虫有趋黄性，卵多产在基部叶片，喜成熟的叶片，由下向上。每雌虫产卵约 183 粒。该虫在田间分布属扩散型，发生高峰期全田被害。成虫寿命 10～14 天，卵期 13 天左右，幼虫期 9 天左右，蛹期 20 天左右。

3. 防治方法

（1）及时清除菜园残株、残叶及杂草，处理害虫残体。合理布局瓜菜品种，间作套种美洲斑潜蝇非寄主植物或不易感虫的苦瓜、葱、蒜等。

（2）释放姬小蜂、反颚茧蜂、潜蝇茧蜂等天敌，这 3 种寄生蜂对斑潜蝇寄生率较高。

（3）采用防虫网。育苗畦、生产大棚安装 20～25 目防虫网，阻止斑潜蝇潜入棚中产卵，防止其危害。

（4）用黄板诱集成虫。同防治白粉虱。

（5）番茄斑潜蝇虫卵期短，生产上要在成虫高峰期至卵孵化盛期或低龄若虫高峰期，当某叶片上有若虫5头、虫道很小时喷洒昆虫生长调节剂进行防治。可选用40%灭蝇胺可湿性粉剂4000倍液，或5%氟虫腈悬浮剂1500倍液，或5%氟虫脲乳油2000倍液，也可喷洒1.8%阿维菌素乳油4000倍液，或20%阿维·杀单微乳剂1500倍液，或70%吡虫啉水分散粒剂4000倍液，或5%天然除虫菊素乳油1000倍液，或25%噻虫嗪水分散粒剂4000倍液。发生高峰期隔5～7天1次，连续防治2～3次。采收前7天停止用药。

四、番茄瘿螨

1. 为害症状

番茄瘿螨属真螨目瘿螨科（图6-40）。瘿螨是植物寄生性螨类的重要类群，其危害仅次于叶螨，居第二位。因瘿螨体微小，一般不易察觉，为害后出现的症状常被误认为病菌所致，防治上也多采用杀菌剂，所以效果甚微，给

图6-40　番茄瘿螨（彩图见文前插页）

果蔬作物造成较大损失。

番茄嫩叶被害后，叶片反卷，皱缩增厚，随着番茄瘿螨虫口的迅速增多，叶背渐现苍白色斑点，表皮隆起，最后产生出灰白色毛毡状物。番茄新老叶片都可受害，老叶不卷曲，但质地变脆，失去光泽。对被害叶切片进行观察，发现毛毡物区表皮细胞和部分栅栏组织细胞已被吸干或仅留下少许叶绿素，大部分细胞坏死。毛毡状物即是坏死细胞组织、寄主胶状分泌物和螨虫的混合体。

2. 番茄瘿螨形态特征及发生规律

成螨体长 195～210 微米，宽约 70 微米，细长纺锤形。具足 2 对，跗节和胫节区别明显，前足胫节生刚毛数根。大体后端的背、腹环不分化，几乎相同。若螨与成螨相似，浅灰绿色，半透明状。成螨色较幼螨深。卵散产在叶背脉间或毡物隙中，乳白透明。

番茄瘿螨一年发生 20 代左右，世代重叠。温室 4 月起、大田 5 月中下旬～9 月可见为害症状。为害盛期在 6～7 月。成螨隐于叶背，在脉间叶肉表皮组织上吸食，潜于叶片刚毛下产卵繁殖。适宜生长温度为 20～35℃，相对湿度 45%～70%、高温干旱时虫口密度大，为害严重。

3. 防治方法

（1）因地制宜选育和种植抗病品种。

（2）在前茬收获后必须及时清除残株落叶，集中烧毁，深翻土壤并灌水沤泡 15～20 天；科学施肥，增施磷钾肥，培育壮苗。

（3）药剂防治。在为害始期至始盛期的 6 月上旬至 7 月中旬，成虫初发期喷洒 10％浏阳霉素乳油 1000～1500 倍液，或 1％阿维菌素乳油 2500 倍液，或 3.3％阿维·联苯菊乳油 1000 倍液，或 73％克螨特乳油 2000～3000 倍液，或 5％增效抗蚜威液剂 2000 倍液，在发生高峰期连续防治 3～4 次，每次间隔 5～7 天。

五、茶黄螨

1. 为害特征

茶黄螨以成螨和幼螨集中在蔬菜幼嫩部分刺吸为害。番茄受害后，叶片变厚变小变硬，叶反面茶锈色，油渍状，叶缘向背面卷曲，嫩茎呈锈色，梢颈端枯死，花蕾畸形，不能开花。果实受害后，果面黄褐色粗糙，果皮龟裂，种子外落，严重时呈馒头开花状。

2. 防治措施

（1）农业防治

① 培育无虫番茄壮苗。

② 消灭越冬虫源。清洁田园，铲除田边杂草，清除残株败叶。

③ 熏蒸杀螨。每立方米温室大棚用 27 克溴甲烷或 80％敌敌畏乳剂 3 毫升与木屑拌匀，密封熏杀 16 小时左右，可起到很好的杀螨效果。

（2）药物防治　在发生初期选用 35％杀螨特乳油

1000倍液，或5％噻螨酮乳油2000倍液，或5％氟虫脲乳油1000～1500倍液，或用0.9％爱福丁（阿维菌素）乳油3500～4000倍液等进行喷雾，一般每隔7～10天喷1次，连喷2～3次，喷药重点主要是植株上部嫩叶、嫩茎、花器和嫩果，注意轮换用药。兼防白粉虱可选用2.5％天王星（联苯菊酯）乳油喷雾防治。

六、烟青虫

1.为害特征

烟青虫又叫烟夜蛾、烟实夜蛾（图6-41），主要为害蚕豆、豌豆、青椒、番茄、南瓜、烟草、玉米等。以幼虫蛀食蕾、花、果为主，也食害嫩茎、叶和芽，幼虫取食嫩叶，3～4龄才蛀入果实，可转果为害。果实被蛀引起腐烂和落果。

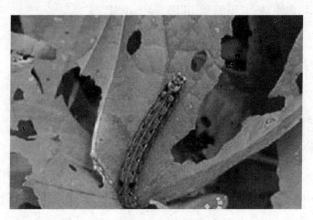

图6-41　烟青虫（彩图见文前插页）

2. 发生规律

（1）烟青虫在华北、华东地区每年发生 2 代，以蛹在土中越冬。

（2）烟青虫在 5 月开始羽化。幼虫主要有三个发生高峰期，即 6 月上中旬、7 月下旬和 8 月中下旬。

（3）烟青虫成虫产卵多在夜间，前期卵多产在寄主植物上中部叶片背面的叶脉处，后期多在果面或花瓣上。

（4）烟青虫初孵幼虫在植株上爬行觅食花蕾，2～3 龄以后蛀果为害，也可转株转果为害。低龄幼虫日均蛀果 1～1.5 个，高龄幼虫日均蛀果 2～3 个。在蛀果为害时，1 个茄果内只有 1 头幼虫，密度大时有自相残杀的特点。幼虫白天潜伏夜间活动，有假死性，老熟后脱果入土化蛹。

3. 防治方法

（1）深翻冬灌，减少虫源。通过深耕，把越冬蛹翻入土层，破坏其蛹室。结合冬灌，降低越冬蛹成活率。

（2）采收后及时中耕灭茬，消灭部分一代蛹，降低成虫羽化率。

（3）田间结合整枝及时打顶，摘除边心及无效花蕾，并携至田外集中处理。

（4）用黑光灯或高压汞灯诱杀成虫。安装 300 瓦高压汞灯 1 只/亩，灯下用大容器盛水，水面洒柴油，效果比黑光灯更好。

（5）释放赤眼蜂防治。第 1 次放蜂时间要掌握在成虫始盛期开始 1～2 天，每 1 代先后共放 3～5 次，蜂卵比要掌握在 25：1，放蜂适宜温度为 25℃，空气相对湿度为 60%～90%。如果温、湿度过高或过低，要适当加大放蜂量。

(6) 掌握在卵孵盛期至 2 龄幼虫时期喷药防治，以卵孵盛期喷药效果最佳。每隔 7～10 天喷 1 次，共喷 2～3 次。喷药时，药液应主要喷洒在植株上部嫩叶、顶尖以及幼蕾上，须做到四周打透。并注意多种药剂交替使用或混合使用，以避免或延缓耐药性的产生。提倡喷洒 Bt 乳剂（含活孢子 100 亿个/毫升）200～300 倍液，或核型多角体病毒悬浮剂（含多角体病毒 20 亿个/毫升）1000 倍液。傍晚、雨后或阴天喷洒效果最佳。此外，还可选用 1.8% 阿维菌素乳油 3000 倍液，或 10% 吡虫啉可湿性粉剂 1500 倍液，或 5% 抑太保（氟啶脲）乳油 2000 倍液，或 25% 灭幼脲悬浮剂 600 倍液，或 10.8% 凯撒（四溴菊酯）乳油 4000 倍液，或 2.5% 功夫菊酯乳油 2000 倍液，或 2.5% 溴氰菊酯 2000 倍液，或 5% 氯氰菊酯乳油 2000 倍液。

七、棉铃虫

棉铃虫（图 6-42）是茄果类蔬菜的主要害虫，一年发生多代，四季都有为害，以幼虫蛀食番茄植株的花、果，并且食害嫩茎、叶和芽。花蕾受害后，苞叶张开，变成黄绿色，2～3 天后脱落，幼果常被吃空引起腐烂而脱落，成果期受害引起落果造成减产。

番茄棉铃虫防治方法：

(1) 棉铃虫卵产在嫩芽上，结合整枝，及时打杈打顶

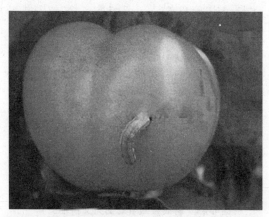

图 6-42 棉铃虫（彩图见文前插页）

可有效地减少卵量，同时要注意及时摘除虫果，压低虫口基数。

（2）生物防治成虫 产卵高峰后 3～4 天，喷洒 Bt 乳剂、HD-l 苏芸金杆菌或核型多角体病毒，使幼虫感病而死亡，连续喷 2 次，防效最佳。

（3）物理防治可用黑光灯、杨柳枝等诱杀成虫。

（4）药剂防治在幼虫孵化盛期，可选用 2.5％功夫（三氟氯氰菊酯）乳油 5000 倍液，或 4.5％高效氯氰菊酯 3000～3500 倍液，或 5％氟虫脲（卡死克）乳油 2000 倍液，或 5％氟虫腈（锐劲特、威灭）悬乳剂 2000 倍液，或 2.5％溴氰菊酯 2000 倍液，或 20％氰戊菊酯 2000 倍液喷雾。

八、斜纹夜蛾

斜纹夜蛾又叫莲纹夜蛾、莲纹夜盗蛾（图 6-43），以幼虫食叶为主，也咬食嫩茎、叶柄，大发生时，常把叶片和嫩茎吃光，造成严重损失。

图 6-43　斜纹夜蛾（彩图见文前插页）

防治番茄斜纹夜蛾的方法：

（1）及时翻犁空闲田，铲除田边杂草。在幼虫入土化蛹高峰期，结合农事操作进行中耕灭蛹，降低田间虫口基数。在斜纹夜蛾化蛹期，结合抗旱进行灌溉，可以淹死大部分虫蛹，降低基数。在斜纹夜蛾产卵高峰期至初孵期，采取人工摘除卵块和初孵幼虫为害叶片，带出田外集中销毁。合理安排种植茬口，避免斜纹夜蛾寄主作物连作。有条件的地方可与水稻轮作。

（2）在成虫盛发期，采用黑光灯、糖醋酒液诱杀成虫。

（3）掌握在卵块孵化到 3 龄幼虫前喷洒药剂防治，此期幼虫正群集叶背面为害，尚未分散且耐药性低，药剂防效高。可用虫瘟一号斜纹夜蛾病毒杀虫剂 1000 倍液，或 1.8％阿维菌素乳油 2000 倍液，或 5％抑太保（氟啶脲）乳油 2000 倍液，或 10％吡虫啉可湿性粉剂 1500 倍液，或 20％米满（虫酰肼）悬浮剂 2000 倍液，或 10％除尽（虫螨腈）悬浮剂 1500 倍液，或 2.5％天王星（联苯菊酯）3000 倍液，或 20％氰戊菊酯乳油 1500 倍液，或 2.5％功夫（三氟氯氰菊酯）乳油 2000 倍液，或 4.5％高效氯氰菊酯乳油 1000 倍液，或 2.5％溴氰菊酯乳油 1000 倍液，或 5％氟氯氰菊酯乳油 1000～1500 倍液。采取挑治与全田喷药相结合的办法，重点防治田间虫源中心。由于幼虫白天不出来活动，喷药宜在午后及傍晚进行。每隔 7～10 天喷施 1 次，连用 2～3 次。

九、蝼蛄

蝼蛄也叫地蝲蛄、蝲蝲蛄。成虫阶段在地下啃食番茄种子和幼芽，甚至会将幼苗咬断。蝼蛄擅长在地下活动，会将土层钻成一些隆起的"隧道"，这样会导致番茄的根与土出现分离现象，长期失水会最终枯死。

防治技术：将 5 千克豆饼或玉米面炒香，融入 90％晶体敌百虫 150 克，然后兑水将毒饵拌潮，撒在苗床附近或者渗透至地下。

十、蛴螬

蛴螬也被称之为"白地蚕"，是金龟子的幼虫。地下是蛴螬的主要活动区域，以啃食萌发的种子为生，甚至会将幼苗根茎咬断，导致植株死亡。

防治技术：第一，选择充分腐熟的肥料，这样能够有效减少幼虫进入大棚的概率。根据实际情况实施秋翻可以将一些幼虫、成虫翻到土面，再将其诱杀。第二，可以采用 80％敌百虫可湿性粉剂 100～150 克，融入适量的水进行稀释，然后添加 15～20 克细土制成毒土，均匀撒在大棚内，再覆盖一层细土之后播种。

十一、地老虎

地老虎又被称之为切根虫、截虫等。幼虫取食较杂，在番茄出苗或者定植之后转移到幼苗上取食，并将茎基咬断。

防治技术：①秋季可以通过翻土的方式将一些越冬蛹、虫卵等消灭；②春季可以采用糖醋液对越冬虫进行诱杀，其比例为 3（糖）：4（醋）：1（酒）：2（水）。将诱液放在盆中，在傍晚时可对成虫进行诱杀；③毒饵诱杀幼虫，将 5 千克饵料炒香，与 90％敌百虫 150 克加水拌匀而成，每亩 1.5～2.5 千克撒施。

第六节　番茄常见特殊症状及防治

一、番茄烂根病的原因与防治

1. 棚室番茄烂根原因

（1）**土壤湿度大**　由于冬季大棚内温度低，湿度相对较大，植株叶片的蒸腾量小，大量浇水造成地温过低，土壤通透性差，从而引起烂根、沤根的现象。

（2）**夜温低**　根系生长的适宜温度为 20～30℃，低于

13℃生理机能下降。长期13℃植株生长不良，6～8℃停止生长。大棚内夜间气温应保持在15℃以上才能保证地温在20℃以上。

（3）昼夜温差大　番茄结果期的适宜温度为白天25～28℃、夜间16～20℃。当长时间夜间温度低于15℃，且日温高于30℃时，地下部根系受损，地上部蒸腾过大，从而引起植株萎蔫。

（4）重茬时间长　长期重茬土壤内会残留大量的各种致病菌，病菌的活动使番茄易感青枯病、枯萎病等病害。重茬还会使土壤的团粒结构变差，损害土壤通透性。

2. 防治方法

（1）选择抗病品种　冬暖棚栽培的品种应采用无限生长型、大果、耐寒、耐阴、抗病的优良品种。

（2）多施有机肥　容易发生沤根的土壤多是黏重、透气性差的黏壤土。有机肥不但营养全面丰富，而且能有效改善土壤团粒结构，增加土壤通透性，预防病害的发生。

（3）栽前高温闷棚　重茬的土壤内有多种致病菌，高温闷棚可杀菌防病，方法是：在定植前7～10天，将棚内土壤深翻20厘米喷洒多菌灵杀菌剂，盖好薄膜使棚内温度达50～60℃，闷棚5～7天，重茬病重地块可重复2～3次。

（4）控制浇水次数和时间　冬暖棚由于温度低，土壤水分蒸发较少，应适当控制浇水，一般每隔7天浇1次水，不能大水漫灌，也可隔1行浇1行。浇水的时间应掌握在"寒流尾，暖流头"，寒流或连阴天时不能浇水。

(5) 提高夜温 影响冬暖棚蔬菜生产的制约因素主要是夜温，提高夜温方法主要有：①加厚草苫，厚度以白天盖棚后棚内不见光为准；②双层膜覆盖，即夜间草苫上加盖一层薄膜，既可保温，又可保护草苫不受雨雪侵蚀。

(6) 加强棚内通风透光 冬暖棚内特别是浇水以后，在保证棚温的前提下，应增加通风透光量，减少棚内空气和土壤湿度，防止病害发生。

(7) 倒茬换土 任何蔬菜长期在同一地块内种植，会造成病原菌大量繁殖，倒茬换土是防止重茬病害发生的有效措施。

二、番茄卷叶的原因与防治

番茄之所以会发生卷叶的情况，最主要就是因为在生长中，番茄根部受到了影响，这时它的吸水能力也会大大下降，从而导致了植株缺乏水分，造成了卷叶的情况发生。有些时候，在根部受损的情况下，番茄的叶子还会出现发黄等，因此在整个番茄的生长周期中，要注意对番茄的根部进行保护。

其次，也有可能与施肥的方式有关系，如果在施肥时，使用了一些没有腐烂成熟的农家肥，这些农家肥在与番茄的根部接触之后，通常会释放和分解出很多热量，这些热量也会不断灼伤根部，对于番茄的生长有着很大影响。在番茄种植中，一定要注意使用合适的肥料，不要使用没有腐烂成熟，或者是一些其他不适合的肥料。

肥料不足或营养不均衡的情况下，番茄的生长也会受到很大的影响。如硼元素缺乏，大量使用氮肥等。

土壤水分比较少的情况下，也容易发生番茄卷叶的情况。特别是在气温比较高的情况下，叶片中的水分蒸发速度会比较快，土壤也会相对比较干旱，这时根系中的水分也会慢慢降低，无法满足叶片的水分需求，自然也会慢慢出现番茄卷叶的情况。

三、番茄的落花落果及防治

番茄喜欢冷冻、湿润的气候条件及肥沃的土壤，遇到不良环境就会大量落花落果，因此，减少落花落果就成为番茄生产中的突出问题。

1. 落花落果的原因

（1）病虫为害造成落花落果　番茄从定植到收获受多种病虫为害：①病毒病使花蕾先变褐后脱落，果实畸形或腐烂，基本失去商品价值，同时叶片卷曲变色，影响光合功能，也能造成落花落果，一般年份掉落 20%～30%，严重时达 70%以上；②灰霉病使花蕾萎缩；③早疫病则将叶片变褐，失去光合功能；④炭疽病在果实上产生大片褐斑，进而腐烂；⑤日灼病则使果皮在强光直射下变白，招致病菌侵入，使果实腐烂；⑥软腐病则使果实变臭、流汁，只留空皮；⑦白粉虱吸食茎叶汁液，造成养分消耗、果实斑驳，还传播病毒病。棉铃虫、玉米螟等蛀入果实，也能引起烂果。

（2）营养不良引起落花落果 番茄进入花果期后，开花、花蕾形成、坐果和果实生长发育等对各种养分的需求达高峰期。此时若养分供应不足会出现落花落果。营养不良还会影响花器官及果实的正常发育，如出现花粉小、花柱细长不均，致使不能正常授粉而脱落。施肥不合理还会导致营养生长与生殖生长失调，具体表现为枝叶过旺生长，植株负担太重，造成不坐果或大部分花果掉落。部分地区由于缺硼也能引起番茄大量落花落果，因此要注意在基肥中施足。另外，在花期要注意叶面喷施叶面肥。管理不善，未能及时打杈、疏花果，引起养分损失。土地不平、灌溉或暴雨后地表有积水，导致根系呼吸不畅，营养吸收受阻，轻者落花、落果，重者整株死亡。

（3）环境恶劣导致落花落果 ①低温阴雨寡照。这种现象多出现在深冬季节，因番茄开花期的最适宜温度为25～28℃，当温度下降到15℃以下，花粉的发芽不良，下降至10℃以下时花粉不能发芽生长，导致受精不良、花体生长激素缺乏而大量落花。同时，低温阴天日照不足，有时会长期寡照，有机物无法通过正常的光合作用产生，导致花朵发育不良出现落花落果。另外，低温雨雪天气温室内空气湿度较大，花粉粒膨胀过度而破裂，失去授粉能力而出现落花。②高温干旱。多发生于春夏季节。番茄开花结果期尤为需要水分，土壤过干，特别是由湿润转干或植株短时间内失水过多，生长不良，花粉失水不育而引起落花落果。另外，如当空气相对湿度过低时，花朵柱头和花粉会很快干缩，花粉不能在柱头上发芽生长而落花。在初夏时会出现高温天气，温室内如不及时放风，中午气温有的高达35～40℃，甚至超过40℃，造成高温灼伤、花粉败育、花朵萎缩而落花。

2. 怎样防止落花落果

（1）**培育壮苗**　壮苗可提高移栽后的成活率与抗逆性，选用抗逆性强的品种是先决条件，目前抗病丰产新品种主要有中红1号、毛红、台湾红、利生系列等。营养土配制要合理，养分充足。种子处理可先浸种，再变温处理后催芽播种，提高幼苗的耐寒性和抗逆力。为使幼苗根系发达，杀虫剂、杀菌剂不宜混入底土，而应混入覆土中。苗期要控制好温湿度，保证充足的光照时间，使幼苗能进行旺盛的光合作用，畦面湿度大时拔苗助长施草木灰，可起到到降湿、壮秆的作用。壮苗的标准是节间短、叶片厚实、茎干粗壮、全株黑绿、用手轻压时立即弹起。3～4片真叶时进行分苗移栽，促使根毛增加。分苗成活后，7天左右即可定植。这样培育的幼苗病害轻、弱苗少、抗逆力强，栽后成活率可提高13％以上。

（2）**科学管理**　①选择排灌方便的中性壤土，实行3年以上的轮作。②起垄覆膜，这样可调节营养，保护土壤温湿度，后期地膜反光，能使果实加快着色。③施肥要"三主三辅"：即基肥为主，追肥为辅；有机肥为主，化肥为辅；根施为主，叶面喷施为辅。化肥要氮、磷、钾配合施用，适当多施磷、钾肥，并与有机肥混合提前沤制，使其尽量渗入有机肥中，以减少养分流失。追肥以叶面喷肥为好，如坐果期喷施0.2%～0.3%的磷酸二氢钾。④定植苗栽于覆膜垄背的两侧，一般按4000株/亩左右留苗，苗期管理中要合理整枝，及时去旁枝，避免养分消耗。⑤中后期管理上要采取"三适"：即适时遮强光（用叶子、草等覆盖果实）；适时调节气温（冬春季防低温，夏季防高温干旱，白天不高于30℃，夜间不低于15℃），中午气温高时叶面喷水降温，也可使用遮阳网覆盖；适时中耕、培土、防倒伏。⑥浇水三注意：地皮一干即浇水，小水勤浇勿大水漫灌，有积水及时排除。⑦株高25厘米左右时搭架，结果后及时绑蔓，可防果实着地腐烂，又可改善田间通风透光环境，利于果实成熟。⑧合理留花留果，对弱花、弱果要及时去除，结果后结合浇水施入人粪尿，而后划锄，以防植株早衰而引起落果。长出5～6批果穗后，要及时摘心并打掉下部老叶、黄叶，以利增加大果、好果。⑨及时进行化学调控。目前较为有效的药剂是番茄灵和2,4-D。番茄灵的使用浓度为20～40毫克/千克，一般喷、浸蘸花朵用25～30毫克/千克，蘸花梗用30～35毫克/千克，春季防低温落花用35～40毫克/千克，夏季防高温落花用25毫克/千克。2,4-D使用浓度为10～20毫克/千克，温度高时浸花或喷花浓度稍低，反之稍高，但要防止出现药害。

(3) 防治病虫　以预防为主，加强检查，及时针对性地进行防治。①防治病毒病，种子可用10%磷酸钠浸种15分钟，再用清水洗3次后催芽，消除种子带的病毒，苗期要喷 2～3 次 1000 倍的 NS-83 增抗剂进行预防。发病初期用 300～500 倍的病毒 A 喷雾，隔 7～10 天后再喷 1 次，共喷 2～3 次，其间可喷叶面宝或 0.1％～0.2％磷酸二氢钾 2～3 次，以补充养分，提高植株自身的耐病性。②防治炭疽病、灰霉病、早疫病等真菌性病害，宜选用甲霜灵 800～1000 倍液，或杀毒矾 400～500 倍液喷雾，隔 7～10 天喷 1 次，共喷 2～3 次。③软腐病等细菌性病害，可在果面喷 100～150 毫升/升链霉素，隔 7～10 天喷 1 次，喷 2 次即可。④对日灼病，可在果面盖草进行预防。⑤防治白粉虱，可用吡虫啉 3000～4000 倍液喷雾。⑤对棉铃虫、玉米螟等蛀食性害虫，可在卵盛期喷棉铃宝或灭多威 1000 倍液、克蛾宝 2000 倍液，隔 7～10 天喷 1 次，施药 2～3 次即可控制。

(4) 及时收获果实 在果实成熟时要及时收获，以防病害侵染，同时摘除病、烂、虫果，携出园外深埋，以防人为传染。收获一批果实后，要根据植株长势适时进行追肥浇水，以防早衰，促使养分向未成熟的花、果输送，保证后期果实的产量与品质。

四、露地番茄要防烂果

露地番茄在生长季节易发生烂果，直接影响产量和效益。产生烂果的原因主要有以下方面：

(1) 绵疫病引起烂果 绵疫病在气温高的夏天及暴雨后易发生，发病后使近成熟的青果出现褐色的同心轮纹，形如牛眼，后期使整个果实变成黑褐色，腐烂，脱落。防治绵疫病，可在发病初期每亩用 50％可湿性粉剂代森锌 150 克，加水 75 千克喷雾，喷药要细致，不漏果。

(2) 软腐病引起烂果　一般在青果上发生，发病后果肉迅速腐烂，并带有臭味，容易脱落，病果干后形成白色僵果。在初见病症时，每亩用 50％代森铵 150 克，加水 100 千克喷雾。

(3) 实腐病引起烂果　这种病在青果上发生较多，果实表皮常有褐色或黑褐色圆形病斑，略凹陷，用手摸患病部位较坚硬，不软化腐烂，病果不脱落。每亩用 50％托布津 150 克，加水 75 千克喷雾防治。

(4) 炭疽病引起烂果　主要发生在已成熟的果实上，病果表面常有黑色同心轮纹病斑，稍凹陷，病斑处分泌出淡红色的黏状物，最后整个病果烂掉脱落。防治方法：主要做好预防工作，一是种子消毒处理；二是实行轮作；三是定植 2～3 周后，每隔 10～12 天喷洒一次代森锌 400～500 倍液，或 1∶1∶150 倍的波尔多液，交互施用。

(5) 脐腐病引起烂果　这是一种生理病害，主要是由于前期水分供应充足，后期水分缺乏造成的。因此，浇水时要小水勤浇，并在早晚进行，切忌大水漫灌。结果期用 0.1％过磷酸钙溶液，或 0.2％氯化钙溶液进行叶面喷肥，从花期开始，每隔 15 天喷 1 次，共喷 2～3 次。

(6) 圆纹病引起烂果　主要在青果上发生。防治由这种原因引起的烂果，可用 75％百菌清可湿性粉剂 500 倍液或 50％甲基托布津 150 克兑水 75 千克喷雾。

(7) 裂果病引起的烂果　裂果病是因水分失调而造

成，在果柄处果皮开裂，易诱发软腐病，使果实腐烂。防治方法：注意排灌，勿过干过湿，同时用0.1%的硝酸钙叶面喷施。

(8) 绵腐病引起的烂果　绵腐病又叫褐色腐败病，主要侵害未成熟的果实。首先在果顶或果肩部出现表面光滑的淡褐色斑，有时长有少量白霉，后逐渐形成同心轮纹状斑，渐变为深褐色，皮下果肉也变褐，后期整个果实腐烂脱落。防治对策：及时摘除病果，带出田外处理；注意整枝，改善田间通风透光条件；发病初期，及时喷洒25%瑞毒霉800～1000倍液，或75%百菌清600～800倍液或70%代森锰锌400～600倍液，每隔7～10天喷1次，连喷3～4次。

(9) 软腐病引起的烂果　软腐病多发生在青果上，发病后果皮保持完整，但内部果肉迅速腐烂，并有恶臭味，易脱落；干燥后形成白色僵果。防治对策：早整枝、打杈，避免阴雨天气或露水未干前整枝；及时防治蛀果害虫，减少虫伤；发病前或发病初期，及时用150～200毫克/千克农用链霉素溶液，或200～400毫克/千克农用氯霉素溶液，或70%敌克松1000倍液喷雾防治。

(10) 炭疽病引起的烂果　炭疽病主要侵害未成熟的果实，病部初生水渍状透明小斑点，扩大后呈褐色，略凹陷，具同心轮纹，其上密生黑点，并分泌淡红色黏状物，最后整个病果腐烂或脱落。防治对策：适时采收健果，及时摘除病果；发病前或发病初期，及时用70%代森锰锌400～600倍液，或75%百菌清600～800倍液，或50%多菌灵 800 倍液，或 80％炭疽福美 800 倍液喷雾防治。

（11）镰刀菌果腐病引起的烂果　镰刀菌果腐病主要为害成熟果实，病部初呈淡色，后变褐色，无明显边缘，扩展后遍及整个果实；湿度大时，病部密生略带红色的棉絮状菌丝体，致果实腐烂。防治对策：及时摘除病果，并集中处理；防止健果与地面接触；果实着色前喷洒 50％DT 杀菌剂 500 倍液或 36％甲基硫菌灵悬浮剂 500 倍液。

（12）丝核菌果腐病引起的烂果　丝核菌果腐病只为害熟果，病部初呈淡色水渍状，后扩展成暗色略凹陷的斑块，表面产生褐色蛛丝状霉层，后期病斑中心开裂，果实腐烂。防治对策：雨后及时排水，防止田间积水；果实成熟后及时采收；发病前或发病初期，喷洒 5％井冈霉素 1500 倍液或 1∶1∶200 的波尔多液。

五、番茄病毒病、茶黄螨为害及激素中毒的区分与防治

　　番茄病毒病在植株顶部叶片上的症状易与激素中毒和茶黄螨的为害状相混淆。一旦诊断错误，不但贻误防治，而且会因错误用药造成植株更大的伤害。

　　病毒病在番茄上常有 3 种表现：花叶型病毒病、蕨叶型病毒病和条斑型病毒病。花叶型病毒病：叶片上出现黄绿相间现象，叶脉透明，叶略有皱缩。蕨叶型病毒病：植株不同程度矮化，由上部叶片开始全部或部分变成线状，中下部叶片向上微卷，花冠加长增大，形成巨花。条斑型：上部叶片初呈花叶或黄绿色，随之茎干上中部初生暗

绿色下陷短条纹，后为深褐色下陷油渍状坏死条斑，逐渐蔓延围拢，致使病株萎黄枯死。

鉴于病毒病与激素中毒和茶黄螨为害症状相似、易混淆的特点，专家总结确诊病毒病的要点如下：

一是看田间分布。番茄病毒病在棚内一般不是成片发生，而是零星发生；茶黄螨为害多是点片发生；激素中毒则是成片发生，且在田间症状有一个由重到轻的趋势。

二是看在植株上的发生部位。番茄病毒病、茶黄螨为害主要发生在植株顶部较幼嫩的叶片上；而激素中毒主要发生在喷花附近幼嫩的叶片上和植株顶部较幼嫩的叶片上；2,4-D除草剂药害整株都表现症状，但幼嫩的叶片重。

三是看症状表现：

(1) 病毒病　主要由蚜虫、飞虱等昆虫传毒，或种子带毒、农事操作传毒。受害植株先是心叶叶脉轻微褪绿但不明脉，渐变为花叶皱缩，以后病叶增厚。主脉褐色坏死，后扩展至侧枝、主茎及生长点。叶缘向叶正面卷曲，形成"上扣斗"，一般嫩叶、老叶同时卷曲。果实受害出现深绿与浅绿相间的长斑，有疣状突起。

(2) 茶黄螨　有趋嫩性，当取食部位变老时，立即向新的幼嫩部位转移。成螨、若螨在上部幼嫩的幼芽尖、嫩叶背面取食，造成叶片褪绿明脉，受害处有油渍状光泽，呈灰褐色或黄褐色，叶缘向叶背卷曲，形成"下扣斗"，嫩茎扭曲畸形呈柳叶状。为害果实时，果柄及萼片表面呈灰白色至灰褐色，丧失光泽，木栓化而变硬。螨很小，肉眼不易察觉，但用放大镜可观察到。

（3）激素中毒 主要是喷用 2,4-D、防落素、除草剂等药剂过量，致使顶叶（包括主茎和分枝）出现叶片畸形、皱缩、变硬、变脆等。主要表现在叶片上，叶片一般向上卷曲僵硬，严重时呈"鸡爪状"。叶脉较粗重，往往在大棚中表现弱株叶片卷曲为甚，点花越多，卷曲越重。激素中毒表现在叶片皱缩卷曲时，其颜色不变或更绿。

防治措施：

（1）激素中毒 在激素使用时要注意以下几个方面，一要看温度情况，温度高时使用的浓度要低些，低温时浓度配比应稍大些；二要看植株的长势，长势旺，用药浓度应大，长势弱，浓度要小些；三要注意不能将药液喷蘸到嫩叶或生长点上，不能重复蘸花或喷花，需在药液中加入色素作为标记；四是中毒后，可叶面喷施天然芸苔素、天达 2116 或 0.2％稀土微肥＋0.3％赤霉素的水溶液等，缓解中毒症状。

（2）病毒病 ①选用抗病品种。选择适宜本地种植的抗病丰产品种，如银领 218、HL108、HL2109 等。②种子消毒。用 0.1％高锰酸钾溶液或 10％磷酸钠溶液浸种 20 分钟，洗净后浸种催芽。③科学栽培。培育健壮无病虫苗；采用地膜覆盖、防虫网等措施，早定植，早结果；合理施肥，增施有机肥，叶面喷肥；及时浇水、中耕松土、拔除发病中心植株。④药剂防治。苗齐后喷施吡虫啉、啶虫脒等药剂，防治蚜虫、飞虱；幼苗期或定植后可喷洒 20％病毒 A 可湿性粉剂 500 倍液或 50％菌毒清 200 倍液等。每隔 10 天喷施 1 次，连喷 3~4 次。

(3) 茶黄螨 ①农业防治。清除田边地头杂草及田间枯枝落叶，平整土地，破坏越冬场所，消灭越冬虫源。选栽健康苗，及时中耕除草，清除枯枝落叶，减少虫源。②化学防治。发现有症状立即进行，可用 1.8% 阿维菌素（齐螨素）3000 倍液或 15% 哒螨酮乳油 300 倍液等杀螨剂。喷药时，重点喷洒植株上部的幼嫩部位，尤其是嫩叶背面和嫩茎。注意交替用药，7~10 天 1 次，连续防治 2~3 次。

参 考 文 献

[1] 陈斌. 保护地设施栽培番茄病虫害绿色防控集成技术的研究. 农业开发与装备, 2019，(8)：156-171.

[2] 陈修斌，张东昱，范惠玲，等. 日光温室番茄水肥一体化配套高效生产技术. 中国园艺文摘，2012，(11)：131-132.

[3] 何尧，张婷. 北方日光温室番茄无公害栽培技术. 上海蔬菜，2015，(1)：45-46.

[4] 胡希义. 越夏硬果番茄高产栽培技术. 现代农村科技，2012，(7)：20-21.

[5] 李博，吴云. 设施番茄高产高效栽培技术. 农业与技术，2017，(20)：133.

[6] 刘春香，杨维田，赵志伟，等. 蒋卫杰博士：聚焦生产一线（二）. 寿光日光温室番茄高效栽培技术. 中国蔬菜，2014，(8)：68-72.

[7] 马玲，王蓉，杨金娟，等. 设施樱桃番茄高密度栽培技术. 现代农业科技，2017，(16)：65-67.

[8] 朴金丹，张晓明. 番茄标准化生产技术. 北京：金盾出版社，2009.

[9] 王玉端，朱慧，张锡玉. 番茄抗线虫无土栽培高产模式主要技术. 蔬菜，2018，(7)：43-46.

[10] 相宗杰，亓德明，刘艳娇，等. 设施番茄栽培管理技术. 河南农业，2018，(27)：40-42.

[11] 邢雪茹. 设施番茄无公害栽培技术. 现代农业，2019，(2)：6-8.

[12] 张光星，王靖华. 番茄无公害生产技术. 北京：中国农业出版社，2003.

[13] 张振贤. 蔬菜栽培学. 北京：中国农业大学出版社，2003.

[14] 赵颖雷，施露，王华森，等. 樱桃番茄在城市屋顶环境的高效管道栽培技术及生产模式研究. 北方园艺，2014，(3)：187-193.